SHUCAI LÜSE YOUZHI SHENGCHAN JISHU

农民技能提升培训系列教材
NONGMIN JINENG TISHENG PEIXUN XILIE JIAOCAI



# 蔬菜绿色优质
## 生产技术

**编审委员会**

主　任　叶军平

副主任　刘佩红　费　强

委　员　朱建华　叶正文　夏海云　沈富林　张根玉
　　　　丰东升　黄　辉　孙月星　陆　军　曹　云

**编审人员**

主　编　陈泉生　江　伟

副主编　孟凡磊　张庆香　陈慧楠

编　者　陈泉生　陆　帅　顾立君　赵勤超　张　宇
　　　　范进凯　陈天瑜　李兴宝　张庆香　项　华
　　　　邵　锋　陈慧楠　孙　爽　陈涟漪　张　平
　　　　黄晓炯　马荣飞

主　审　张瑞明　李建勇

中国劳动社会保障出版社

**图书在版编目(CIP)数据**

蔬菜绿色优质生产技术 / 上海市农业广播电视学校组织编写 . --北京：中国劳动社会保障出版社，2023

农民技能提升培训系列教材

ISBN 978 - 7 - 5167 - 5700 - 0

Ⅰ. ①蔬…　Ⅱ. ①上…　Ⅲ. ①蔬菜园艺-无污染技术-技术培训-教材　Ⅳ. ①S63

中国国家版本馆 CIP 数据核字（2023）第 001231 号

**中国劳动社会保障出版社出版发行**

（北京市惠新东街 1 号　邮政编码：100029）

*

北京市科星印刷有限责任公司印刷装订　　新华书店经销

787 毫米×1092 毫米　16 开本　11.75 印张　213 千字

2023 年 2 月第 1 版　　2023 年 2 月第 1 次印刷

**定价：35.00 元**

营销中心电话：400 - 606 - 6496

出版社网址：http：//www.class.com.cn

# 内容简介

本教材由上海市农业广播电视学校组织编写。教材从强化培养操作技能、掌握实用技术的角度出发，较好地体现了当前最新的实用知识与操作技术，对于提高从业人员基本素质、掌握蔬菜绿色优质生产技术有直接的帮助和指导作用。

本教材在编写中以能力培养为根本出发点，采用模块化的编写方式。全书共分为9章，介绍了芦笋、金瓜、花椰菜、红皮马铃薯、香酥芋、白扁豆、青皮茄子、崇明小菠菜、崇明山药9个蔬菜品种的栽培技术、主要病虫害及其防治，部分品种还介绍了储藏技术和留种技术。

本教材可作为蔬菜绿色优质生产技术的农民技能提升培训教材，也可供全国中高等职业技术院校相关专业师生参考使用，以及相关职业从业人员培训使用。

# 前　　言

大力开展农业技能培训，提升广大农民技能素质，加快培养一批专业型、技能型、创新型劳动者和高技能人才，培育一支“爱农业、懂技术、善经营”的高素质农民队伍，将为实施乡村振兴战略、推进现代绿色农业发展提供人才支撑，促进农民收入持续增长。

为更好地满足农业产业发展需要，近年来，上海市农业农村委员会在种植、畜牧、水产、农机、农产品安全等领域，积极开展农业新业态、新技能培训项目开发，广泛开展农业从业人员实用技术培训，提高优质农产品生产水平和农业专业化服务能力，围绕家庭农场、农民专业合作社、农业龙头企业等新型农业经营主体，以农业高技能人才培养基地为平台，发挥农民技能培训辐射带动作用，形成了规模化农民技能培训的示范效应。

为配合农民技能提升培训工作的需要，上海市农业广播电视学校组织了农业领域的专家、技术人员共同编写了农民技能提升培训系列教材。本系列教材以产业发展为立足点，以生产技能和经营管理能力提升为主线，注重知识和技能的针对性和有效性，实用性强，满足农民技能培训和自身学习需要，是广大农民增收致富的好帮手。

本系列教材在编写过程中得到了上海市、区两级相关农业技术推广部门与农业院所有关专家的关心指导和大力支持，在此谨表示最诚挚的谢意。

由于水平有限，不当之处在所难免，恳请读者指正。

农民技能提升培训系列教材　编委会

# 目　录

# 第1章

## 芦　笋

芦笋生产是我国优质、高效农产品生产项目，也是发展农村经济、提高农民收入、助力乡村振兴的有效产业之一。我国芦笋栽培从清代开始，至今已有100余年历史。最初是在沿海地区各大城市郊区零星栽培，当地鲜销。改革开放后，福建、河南、陕西、安徽等地大规模发展芦笋生产。到20世纪90年代初，我国芦笋栽培面积超过6.6万公顷，芦笋成为中国出口创汇的主要蔬菜产品之一。

# 1.1 芦笋栽培技术

## 1.1.1 主栽品种

**1. 格兰德**

格兰德是美国加利福尼亚大学选育而成的双交一代品种，属中熟品种。该品种株型高大，嫩茎较粗大，单茎重23.6～27.6 g，丰产性强；笋尖锥形略带紫色，鳞片抱合紧凑，在夏季高温条件下不易散头；对茎枯病、紫斑病的抗病性中等。

**2. 加州157**

加州157（见图1－1）是美国加利福尼亚大学培育而成的双交一代品种，属早中熟品种。该品种株型中等，生长势较强，耐瘠薄；嫩茎萌发早，单株嫩茎抽生的数量较多，嫩茎粗细适中，色泽浓绿，单茎重16.6～16.8 g；鳞片抱合紧凑，在夏季高温条件下不易散头。加州157丰产性较好，但抗病性较差，易感染茎枯病、紫斑病等。

**3. 阿波罗**

阿波罗是美国加利福尼亚芦笋种子公司选育出的无性杂交一代品种，属中熟品种。该品种笋株生长势较强，嫩茎较粗壮，平均单茎重19.0 g左右，丰产性强；笋尖圆锥形，鳞片抱合紧凑；嫩茎基部和头部略带紫色，笋体绿色；对镰刀菌属的病菌和锈病具有较强的抗病性。

**4. 加州800**

加州800是美国加利福尼亚大学培育而成的杂交一代品种，属中熟品种。该品种株型较高大，笋株生长势和适应性较强；嫩茎头部圆锥形，嫩茎顶部鳞片抱合紧凑，在夏季高温条件下不易散头；单株嫩茎萌发数量较多，丰产性好；嫩茎粗细中等，笋条顺直、整齐一致；嫩茎质地细腻，色泽浓绿，纤维含量少，口感好；抗病性中等。

图 1－1　加州 157

**5. 加州 72**

加州 72（见图 1－2）是美国加利福尼亚大学培育而成的杂交一代品种，属中晚熟品种。该品种株型较高大，笋株生长势和适应性较强；嫩茎头部圆锥形，嫩茎顶部鳞片抱合一般，在夏季高温的条件下易散头；单株嫩茎萌发数量较少，丰产性较好；嫩茎较粗大，笋条顺直、整齐一致；嫩茎色泽浓绿，畸形、空心较少；对茎枯病抗病性比较差。

图 1－2　加州 72

**6. 紫色激情**

紫色激情（见图1－3）是美国加利福尼亚大学培育而成的紫色杂交一代品种，属中熟品种。该品种株型高大，笋株生长势较旺盛，适应性较强，对茎枯病、根腐病、锈病抗病性较强；嫩茎头部呈圆形，嫩茎顶部鳞片抱合紧凑；嫩茎较粗壮，茎色为紫罗兰色，质地细腻，纤维含量少，气味浓郁，多汁、微甜、无苦涩味、口感好，是一种十分走俏的生食品种。

图1－3　紫色激情

**7. 大宝利**

大宝利是美国加利福尼亚大学最新研究培育的杂交一代品种。该品种与其他加州杂交一代品种相比，表现非常突出：高产，早熟，休眠期短，精笋率极高；喜肥水，抗锈病，成年株高达2 m；嫩茎品质高，质地细嫩，鳞芽较紧凑，嫩茎粗细均匀适中，茎粗16～18 mm。该品种是目前国际优秀的芦笋品种。

**8. 丰岛2号**

丰岛2号是新育成的无性杂交一代新品种，适合在我国南方进行大棚避雨栽培，在我国北方干旱少雨地区可进行露地栽培。该品种生长势强，植株高，耐湿耐涝，高产稳产。

### 1.1.2 栽培技术

**1. 育苗**

（1）芦笋的繁殖方式。芦笋有分株繁殖和种子繁殖两种繁殖方式。分株繁殖是选择优良丰产的种株，挖出根盘，分割地下茎后栽于大田。种子繁殖便于调运，繁殖快，苗期短，生长势强，产量高，寿命长。生产上一般采用种子繁殖。种子繁殖有直播栽培和育苗定植两种。

1）直播栽培。这种繁殖方式具有植株生长势强，株丛生长发育快，起产、丰产早，初年产量高等优点，但有出苗率低、用种量大、苗期管理时间长、易滋生杂草、土地利用率不高、成本高、根浅、植株容易倒伏、经济寿命短的缺点。因此，这种方式除土地多、气候温暖、芦笋生育期长的地方采用外，应用面不广。

2）育苗定植。这是生产上最常用的繁殖方式。它便于苗期精心管理，出苗率高，用种量少，可以缩短苗期和增加播种密度，有利于提高土地利用率。

（2）育苗类型。芦笋按其苗龄长短分小苗及大苗两种；按育苗方式可分露地直播育苗、保护地播种育苗、保护地营养钵育苗三种。

小苗以营养钵育苗为主，在保护地中培育，结合前茬作物的生长情况，及时定植于大田，以利于延长田间生长时间。

大苗又称一年苗。其优点是便于苗期管理，茬口好安排，可以深植，以后长出的地上茎粗大，不易倒伏，栽植初年的枝叶覆盖度大，杂草少。

（3）育苗场地的选择

1）苗地以土质疏松、富含有机质、地下水位低、排水好、保水保肥能力较强的壤土或沙质壤土为宜。不要选黏性土地，否则株间肉质根相互黏合，起苗、分苗费工，并会导致伤根。

2）要选择无茎枯病和紫斑病等的田块，否则苗期携带的病菌将蔓延至大田。果园、桑园等地以及前期种植过芦笋的田块均不宜作苗地。

3）因芦笋幼苗生长较慢，株行距大，易滋生杂草，因此要选择杂草少的地块。

4）应选择排灌方便、无季节风为害、空旷通风的地块。

（4）营养土制备。每亩应施腐熟有机肥 1 500～2 000 kg，翻耕入土。翻土深度以 10～15 cm 为宜，使有机肥与土壤充分混合。整地时每亩撒施 3% 辛硫磷颗粒剂 2.5～3.0 kg，然后筑成 1.5 m 宽的高畦。要求畦面平整，土壤细碎。大苗苗圃与大田面积比为 1∶15～1∶10。

如果用营养钵育小苗，营养土要求肥沃、疏松，既保水又透气，土温容易升高，无病虫害和杂草种子。配制方法：洁净园土6份、腐熟商品有机肥3份、草木灰1份，加入过磷酸钙2% ~3%充分混合均匀后用塑料薄膜密封。配制应在夏季进行。翌年播种前，将这种培养土装于直径6 cm的营养钵中，装钵量达80%左右。

（5）播种

1）播种期。露地、早春保护地播种需要地下10 cm处土温达10 ℃以上。春季育苗时间为3月下旬（小环棚地膜育苗），利用设施大棚可提早至1月下旬，小苗应在定植前50 ~60天播种。秋季播种应在8月上旬进行。

2）播种密度。露地直播育苗，大苗的行距为40 ~ 50 cm，每穴播种1粒，株距为3 cm，便于出苗后间苗。每亩大田的播种量为150 g左右。实际播种时，先按行距开3 ~ 5 cm深的播种沟，按株距播种后覆土1 ~3 cm稍稍镇压。

小苗宜在冷床或温床下进行营养钵育苗。营养钵的直径为6 cm，每钵播种1粒，覆土1 ~2 cm。

3）种子处理

①浸种。将种子在20 ~25 ℃水温下浸泡2 ~3天，每天早晚换清洁的河水各1次。

②低温处理。当年采收的种子，应将种子浸湿后，置于0 ~5 ℃低温下处理60天，或将种子与湿润黄沙堆积于露地过冬，以利于完成休眠期。

③选种。选用储藏1年的陈种子，陈种子应保管在干燥密闭处，避免选用2年及以上的陈种子。

④水分管理。播种至出苗期间要有充足的水分，防止缺水。土壤干旱应浇透底水，待土壤含水量适宜时播种。播种应覆盖地膜。

⑤温度管理。露地育苗，应适当晚播，待地下10 cm处土温在10 ℃以上时播种；保护地播种育苗，可适当早播，待出苗展叶后，应加大通风换气量和时间，确保苗床温度在20 ~30 ℃。

（6）苗期管理。出苗后要进行间苗、补苗或分苗移植，病虫防治，中耕除草，浇水，施肥等管理，尤以病虫防治、除草、浇水最为重要。

1）间苗补苗。小叶展开1周后，每穴有2棵或2棵以上的秧苗时，每穴保留1棵。如缺棵，应用预留的小苗进行补苗。

2）中耕除草。在播种后或分苗时铺黑地膜可控制杂草，出苗后应及时清除田间杂草。

3）肥水管理。在间苗后或分苗移植时浇1次以水为主的有机液肥，约20天后再追施1次有机液肥，此后每隔7 ~10天追施1次。出现二次分蘖后，每亩施45%复合肥5 ~ 10 kg。若此时苗株已繁茂，应少施或不施，否则因肥料过多，茎叶生长过茂，易发生倒伏。

除播种后及分苗移植缓苗期要保证有充足的水分外，在生长发育期间遇干旱天气时，应及时浇水，促进植株生长发育。但在越冬前1个月开始应控制水分，以确保地下部分养分积累和安全越冬。在梅雨、台风等多雨季节，应及时开通田间排水沟，防止田间积水。

4）病虫防治。芦笋出苗初期极易受小地老虎、蛴螬、蝼蛄等害虫为害，为此，在苗地整理播种前，每亩撒施3%辛硫磷颗粒剂2.5～3 kg进行土壤处理，并及时除草。7—8月苗株常遭受斜纹夜蛾、甜菜夜蛾等害虫为害，应在幼虫期及时喷施杀虫剂。苗期的病害是茎枯病、猝倒病、枯萎病等。为控制这三种病害的发生，首先应采用经检疫的种子，对种子进行50～55 ℃温汤浸种杀菌，浸种时间为10分钟。还可用50%多菌灵可湿性粉剂进行拌种，用量为种子重量的3%。

5）保护地育苗。在保护地设施下进行营养钵育苗或直接播种于苗床的苗期管理，应以温度、水分管理为中心。从播种至出苗，除供给充足水分，于床土表面或营养钵上覆膜保温材料外，还应将棚膜四周密封保温，尽量保持较高的棚温，以加速出苗。当出苗率达50%以上时，及时揭去地膜并进行通风换气。随着外界气温上升，棚内温度超过28 ℃时，应加大通风换气；晚间要加盖棚膜和保温材料，以防低温冷害。白天床温保持在20～28 ℃，最高温度不得超过30 ℃，夜间最低温度不低于12 ℃。由于经常通风换气，床土极易干燥，营养钵育苗更易失水，故应经常浇水；苗床中部温度高，失水也多，更需要浇水。

苗期追肥只需2次，第1次于第一根嫩茎展叶后，结合浇水施300倍的有机液肥，其后20天左右再施有机液肥1次。

间苗在第一根嫩茎小叶刚展开时进行，每钵（穴）择优选留。间苗应扒开表面营养土，将地下茎连根拔除，否则残留的地下茎仍会抽生茎叶。

当苗高25 cm以上、嫩茎数有3～4根时，在定植前7～10天应进行揭膜炼苗，控制水分，以适应大田环境，缩短缓苗期，早发新根。

**2. 定植**

（1）栽培地选择。应选择土质疏松、通气性好、土层深厚、排水良好、地下水位低、有一定保水和保肥能力的沙质壤土。应避免选择下列几种土壤或地块：

1）透气性差的重黏土。这种土壤不仅不利于根系生长和发育，更不利于培土、采收等作业，而且容易产生畸形笋。

2）耕作层浅，底土坚硬，不利于根系向下伸展的土壤。耕作层深度应在30～35 cm，底土应较松软，不是重黏土或坚实的土层。

3）强酸性或强碱性的土壤。应选择微酸或微碱性土壤。

4）地下水位高的地块。芦笋的根系可以深达地下2～3 m，地下水位过高，根系难以向下伸展，同时易引起根系腐烂，不利于芦笋健康生长。

5）水稻的近邻区域。水田渗水，土壤长期受湿，会影响根系发育和植株生长。

6）沙石和瓦片多的地块。这类地块会影响耕作质量，不利于栽培管理，会造成芦笋的嫩茎弯曲，产品的质量降低。

7）以前为桑园、果园等的地块。这类地块易发生紫纹羽病为害。

（2）定植前的土壤耕作与土壤改良。定植前一年要深翻土壤 30 ~ 50 cm，水田需更深一些，并要打破犁底层，以利于雨水渗透，避免田间积水。深耕后进行土壤全层改良，每亩撒施腐熟有机肥 3 000 ~ 5 000 kg，混入整个耕作层；每亩需施过磷酸钙 80 ~ 100 kg，与腐熟有机肥混合后均匀面施。

对定植穴周围的土壤要进行重点改良。方法是在畦中央挖宽 50 ~ 60 cm、深 40 ~ 50 cm 的定植沟，沟底每亩施腐熟有机肥 2 000 ~ 3 000 kg，与底土混合后，铺上表土，同时每亩施过磷酸钙、尿素各 20 kg。大苗定植时预留 12 ~ 15 cm 深的沟，雨水多、黏性重的土壤可适当浅些。若进行小苗定植，可将沟土填满，以后定植再挖定植穴。

（3）定植时期。芦笋定植期可分春植、秋植、生长季定植三种。长江中下游地区冬季气候温和，秋植较春植有利，因为当秋季地上部枯黄时，地下根系还在继续生长和吸收养分，此时起苗定植，可以少伤根，同时可结合地上茎叶的生长发育情况及病害感染程度进行分级。定植后至翌春萌芽前，根部伤口早已愈合，根与土壤密接，萌芽早，植株生长也较为健壮。

（4）起苗。为减轻起苗与定植过程中的伤根问题，必须在土壤干湿适宜时取苗，便于将根系四周的泥土理掉，达到逐株自然分离的效果。取苗应深，尽量将肉质根留长一些。起苗后应避免风吹日晒，以免肉质根干瘪，影响定植成活率和植株的生长。在取苗时，最好边起苗、边分级、边定植，切忌长距离运输或隔天定植。

（5）选苗与分级

1）选苗标准。苗茎粗壮，有生长粗大嫩茎的倾向；第一分枝离地高，嫩茎顶部鳞片包裹紧密，不易开散；分枝与主茎的夹角小，嫩茎顶部鳞片也不易开散；主茎直立，断面圆整，分枝上方主茎上的纵沟浅，嫩茎多圆整：这些都是芦笋植株优质的表现。

2）分级标准。根据地下根茎重量或肉质根数分级。

凡地下根茎重 40 g 以上，根数在 20 条以上的为一级苗；地下根茎重 20 ~ 40 g，根数在 10 ~ 20 条者为二级苗；地下根茎重 20 g 以下，根数少于 10 条者为劣质苗。

实际分级时，将处于平均值以上者列为一级苗；接近平均值的列为二级苗；明显低于平均值的为劣质苗。劣质苗应予淘汰。

（6）栽植密度。栽植密度应根据植株有效生育期长短、气候条件、土壤肥力、栽培管理和栽培方法等多种因素来决定。有效生育期短、土壤瘠薄、降雨少，可提高密度；有效生育期长、土壤肥沃、雨水充沛、株丛生育旺盛、病虫害多、露地栽培，则应稀些。芦笋一般栽植行距为 150～160 cm，株距 25～30 cm。

（7）栽植深度与栽植方法。实际的栽植深度应随苗龄大小、土质和气候条件的不同而异。多雨、土壤透气性差，宜浅；少雨、气候干燥、土质疏松，宜适当深栽。一般以 5～8 cm 为宜，但刚栽植时覆土厚度只需 3～5 cm，当新的地上茎长出后，再分次覆土到一定高度。否则，由于地下茎过深，根部氧气供应不足，会降低成活率。

定植时应将苗株按一定株距摆放在预先准备好的定植沟中，并注意行内株间排列成一直线，然后覆土，浇定苗水。由于粗大肉质根不易与土壤密接，摆苗时应注意使根系舒展，不可弯曲或相互重叠，覆少部分土后将苗株向上提拉一下，以免根部留有空隙，然后再覆土、镇压，浇足定植水，再覆松土保墒，并避免土表板结。

大棚芦笋（当年生）田间生产如图 1－4 所示。

图 1－4　大棚芦笋（当年生）田间生产

**3. 肥水管理**

施肥不仅是为了补充供给芦笋各种营养元素，而且还起着改良土壤理化性状，创造一个适于芦笋生长发育的土壤环境的作用。因此它是夺取优质高产的一项关键技术。

（1）芦笋对主要营养元素的要求。虽然各种营养元素对芦笋植株的生长发育都是不可缺少的，但影响最大的是氮、磷、钾、钙等四大元素。亩产 2 000 kg 嫩茎，每年每亩需施

46% 尿素 120 kg、过磷酸钙 100 kg、氧化钾 60 kg。

定植初年株丛小，植株的需肥量自然也较少。一般以成年植株的施肥量为基准，定植第一年为成年期施肥量的 50%，第一年采收期为 70%，第二年采收期开始按成年期施肥标准施肥。

在施肥时不仅要注意氮、磷、钾的配比协调，而且还要求施肥量适宜。施肥过量不但得不到更高产量，有时还会出现减产，其原因在于植株吸收过多的氮、磷、钾元素以后，容易影响对其他元素的吸收，在这种情况下，只有补充其他一些中量和微量元素，如硼、铜等，通过平衡施肥，才能获得增产效果。

（2）肥料种类的选择。腐熟有机肥营养元素完全，见效虽慢，但肥效长，可不断地供给植株各种养分，不易发生肥料用量过多的问题。它能改良土壤的理化性质，使土壤疏松，利于芦笋根系的生长发育，能增强土壤的保水、保肥能力，并能提高磷肥的效果，使磷不易被土壤固结，渗入 10 cm 深的土层中，便于根系吸收。因此，使用腐熟有机肥有着显著的增产效果。

在化学肥料使用上，氮肥以尿素最好，其他种类的氮肥应根据土壤性质来选择。如耕地长期施用硫酸铵，会提高土壤酸度，影响植株生长发育，因此多年后的肥效效果不及硝酸铵或尿素。而在盐碱地上，以硫酸铵作氮肥来源，可降低土壤的碱性，有利于植株生长发育，肥效反而较好；但如果施碳铵，则肥效很差，它在盐碱土中很易分解、挥发，而且会提高土壤的碱性，使植株生育受影响，在采收期以碳铵追肥，常会逸出氨气熏伤嫩茎。钾肥以硫酸钾为好，在盐碱土上，更应以硫酸钾为好。

（3）施肥时期与肥料分配。首先应以芦笋植株的年生长发育规律及吸肥规律为依据。冬季处于休眠状态，基本不吸收矿质营养。当休眠期结束后，随着春季土温的回升，鳞芽开始萌动，随后储藏根伸长，在老的部位发生新的鳞芽群（见图 1－5），并抽生嫩茎和新根，地下茎也随之延伸，此时已开始从土壤中吸收矿质营养。幼茎（芦笋）在伸出土面不久被采收，使新根的发生和生长都受到很大抑制。因此，在嫩茎采收期间植株的生长量不大，所需的矿质营养不多，且根系吸收力较弱，吸收养分也不多。当采收结束以后，进入地上茎叶时期，大量茎叶的生长和新根的发生需要大量全面的养分，同时由于新根形成，植株的吸收机能也大大加强。

**4. 田间管理**

（1）不同时期的田间管理目标。由于芦笋植株生长发育是随栽培年限逐渐成长，最后走向衰老的过程，因此不同时期的田间管理目标也不完全相同。

1）定植初期（从定植至第 2 年）管理。这一时期的管理以最大限度地促进根丛和植株的生长发育，扩大其营养体为主要目标，同时应彻底清除田间杂草，特别要防止多年生

图 1－5　芦笋鳞芽群

杂草滋生，尽量避免茎枯病、紫斑病的发生，否则以后植株发病会更严重，更难于防治。

为促进根丛和植株的生长发育，定植时可盖地膜提高早期土温，保持土壤湿度和通气状况。这对促进地下茎生长和分蘖、鳞芽群的形成、根群的发育和加速生长有显著的效果，并有防除杂草、防止茎枯病感染、避免雨涝为害等多方面的作用。施肥量应随植株生长发育状况逐渐增加。

2）丰产期管理（第 3 ~ 10 年）。每年春季，经过数月的嫩茎采收，根系中储藏养分不断被消耗，使其中许多肉质根因储藏养分枯竭而逐渐萎缩衰亡，鳞芽群上的鳞芽因储藏养分供应不足，嫩茎变得瘦小，有的甚至枯萎。因此，每年采收至嫩茎变得细瘦（茎基部直径小于 0. 8 cm）时，必须停止采收，转入植株的培育管理，使其恢复并形成数量众多、发育饱满的鳞芽群，以使根系积累大量的同化养分，并保证年末储藏根中的有机可溶性固形物的含量达到 15% 以上。秋季每株芦笋地上部茎枝数应达到每平方米 8 ~ 10 枝，株高 1. 5 m 以上。茎粗（直径）在 1. 2 cm 以上的，或每平方米的地上茎的生育指数（茎数 × 株高 × 茎粗，单位均为厘米）达 5 500 以上的，都可达到丰产的标准。但达到这样的生育指数所需的时间因各地气候条件及有效生育期（地上茎生长发育期）的长短而有差别。若有效生育期长，夏、秋高湿多雨，不宜过早形成繁茂的植株体系，否则田间通风透光不良、湿度大，易遭病害，甚至出现大面积减产。6—7 月间应控制地上茎的形成，每株丛数第一批地上茎一般每平方米保留 5 ~ 6 枝，第二批新茎形成时，每平方米可保留 8 ~ 10 枝。待秋后气候转凉、病害不易盛发时，才可任地上茎自由生长，达到形成繁茂的茎叶体系的目的。因此，在施肥上应掌握前轻后重的原则，在采收结束后以腐熟有机肥和45%复合肥作复壮肥，切不可施过多的速效氮肥。秋发前夕，重施秋发肥，以使秋季有繁茂的茎叶体系，保证制造大量同化养分，并积累到地下根系中，为翌年高效生产奠定基础。若有效生育期短，或气候干燥少雨，应在采收结束后重施复壮肥，除多施腐熟有机肥外，必须施足速效肥，使株丛迅速形成繁茂的茎枝体系，保证有足够长的时间进行光合作用，积累充足的养分。

（2）田间管理工作。为促进植株的生长发育，并保证其健康成长，除重视施肥技术和病虫害防治外，还应做好中耕改土、灌溉排水、植株调整、培土、立架、杂草防除等一般田间管理工作。

1）中耕改土。芦笋根系的发育需要疏松透气的土壤环境，一年中应结合追肥和除草进行多次中耕，在年末清园后，全园浅耕。长期浅中耕，多年后深层土壤将变得愈来愈致密，因此，每2~3年应隔行开沟施肥，即于行间中央开20 cm宽、20~30 cm深的沟，深施腐熟有机肥，以改良深层土壤的理化性质，促进根系发育。

2）灌溉排水。芦笋是耐干旱、忌田间积水、易受涝害的植物。多雨或植株生长季节雨量集中的地方，田间易发生积水，诱发病虫害，因此，更应注意开沟排水，切忌造成田间积水。但如果水分供应不足，不仅植株会长得矮小，而且鳞芽会停止萌发，形成茎数也少；只有水分供应适量，植株才能生长高大、茎数多、茎叶繁茂。

3）植株调整。为避免植株生育过旺，母茎倒伏，遭受病害，及同化养分的无谓损耗，需进行一系列的植株调整。这些措施包括株丛合理清理，母茎打顶，整枝、疏花、疏果等。

①株丛合理清理。进行大棚覆盖栽培时，在采收结束后有很长的有效生育期，若任其自然生长，会使田间株丛茎叶过于繁茂。在此种情况下，应于早期清理多余的地上茎，以减少衰老植株，控制株丛的发育进程，避免株丛过茂。地上茎（母茎）清理的程度和次数，应视株丛生育期的长短及气候变化和当地病害发生情况而定。生育期愈长，清理次数也愈多。早期留养的母茎要少，但至初霜前2个月，每株应形成15~20枝的地上茎。

清理应在新茎刚长出地面不久时进行，首先割除弯曲、细弱、有病虫为害的病茎和弱茎，保留茎秆粗壮、挺拔、无病虫为害的粗壮茎，并注意保留植株位置要分布合理。

②母茎打顶。打顶即将地上茎截短，其直接作用是避免风害，防止倒伏，同时由于打顶导致地上茎的枝叶减少，使同化养分减少，从而控制株丛发育，改善田间通风透光条件，预防病害蔓延。但打顶过度，枝叶太少，同化养分不足，株丛发育会受到影响。因

此，一般都在有风害的季节及株丛生育的前期，与清理结合进行。方法是在新茎长至 1.2～1.5 m 时，摘除顶梢。

③整枝。整枝是一种改善田间通风透光、控制株丛生长发育、预防病虫害蔓延的措施。在盛夏期间，由于植株快速生长，导致田间枝叶繁茂，易使中下部叶片发黄，又不利于喷药防病，在这种情况下，清理新发生的小分枝是最佳选择。

④疏花、疏果。雌株上着生的果实会吸收大量的同化养分，摘除雌花或幼果可减少养分消耗，促进营养积累。但这项工作十分烦琐，通常只在留母茎采收的情况下才摘除母茎上的雌花或幼果。

4）培土与立架。培土应确保鳞芽群在地下 5～8 cm 的位置，如有不足，应通过疏通排水沟，将土覆盖在鳞芽群上。

一般深植，实施培土与打顶就可防止倒伏。然而留母茎采收时（见图 1－6），株丛上只留有 5～8 株母茎，生育期长，在株丛生育前期清理了部分地上茎，使植株难以相互依靠，容易发生倒伏，故需立支架保持母茎直立，防止倒伏。立支架后可确保行间畅通，有利于实施喷药防病和田间作业。支架方式：应每隔 5～6 m 立 1.5 m 高的木桩或竹桩，当地上茎形成时，以尼龙绳（带）拢住两桩之间的地上茎，切不可将株丛茎捆扎在一起，而要让枝叶仍自然展开。

图 1－6　芦笋留母茎采收

5）杂草防除。定植初年，由于株丛发育缓慢，枝叶覆盖面小，草害更为严重。常规采收期间，地上部分无枝叶，不仅滋生杂草，而且还有大量芦笋种子散落在田中，长出大量实生苗，都会与植株争夺土壤的水分、养分及空间，从而影响株丛的生长发育，实生苗还易成为病害的寄主。早春滋生杂草，影响地温上升，有碍鳞芽萌发和嫩茎生长。因此，清除田间杂草，对于促进株丛生长发育和嫩茎发生有很重要的作用。

**5. 采收**

（1）采收季节。芦笋产品是以刚长出不久或萌生不久的嫩茎作为食用产品。在植株生长期间，任何时候都可发生嫩茎，冬季进行保护地栽培，同样也可长出嫩茎，获得新鲜产品。故作芦笋鲜销栽培时，可根据市场的供求需要，确定栽培方式和采收季节。经营规模大的专业户，可利用不同栽培方式，分期采收，使劳力得到合理分配，提高总体经营效益，并使产品基本实现周年生产和供应。不同采收季节的嫩茎产量和质量差异很大，每年春季采收的嫩茎产量最高，质量最佳。由于生长季长，为预防株丛地上茎长得过早过茂，招致病虫害发生与蔓延，宜进行留换母茎采收，以实现适时采收和延长采收。

（2）采收株龄和采收持续期。采收株龄指播种或定植后，生育植株多长时间可以采收芦笋产品。采收持续期为 1 年内或每个收获季节中可采收的天数。

在定植后的幼年期，应以促进植株发育为优先，使其形成强大的营养体，为以后的丰产奠定基础。待株丛发育到 15 ~ 20 株，茎粗达 0.8 cm 以上时，方可开始采收嫩茎，且采收持续期相对要短，以后再逐年延长。当株丛发育到成年期后，每年的采收应不妨碍植株的再生长，不妨碍形成繁茂的茎叶体系和新的根系，这就要求采收嫩茎后，有一定数量的残存养料供给植株的再生长，同时应保证采后的植株有足够的有效生长期，能进行光合作用，制造养分并积累到根系中，使翌年仍能获得丰产。但如果残留养料过多，或有效生育期过长，则会使株丛发育过茂，导致田间通风透光不良，净同化率下降，并容易导致病虫害发生。总之，成年时的采收持续期，应在不影响植株的再生能力和翌年产量的范围内，尽可能地延长。

长江中下游地区全年无霜期在 220 天以上，雨量充沛，株丛发育快，年生育量大，无论大苗定植还是小苗定植，均可于定植后第二年开始采收。为避免采收结束后的生育期过长、株丛生育过茂，在进行留母茎采收时，应先通过保护地栽培常规采收到 4—5 月间，再留母茎，7—8 月再进行采收，10 月以后让其自然生长。全采收期长达 180 ~ 200 天。若行普通栽培法，由于储藏养分的关系，一般只能采收 80 天左右。

（3）采收技术。芦笋采收容易，不会伤及幼小的嫩茎，劳动强度弱而效率高，一个熟练工人在盛收期每小时采收 10 ~ 12 kg 鲜笋。但为确保芦笋长得粗壮，每年在鳞芽萌发出土前耕作田园时，应向鳞芽群上培土 2 ~ 3 cm。

1）采收方法。采收芦笋有拔除法和切割法两种。

①拔除法。用手将长约 20～40 cm 的嫩茎斜向用力拔出采下。此法速度快，所得嫩茎在地下不留残茬，但由于雨水多、湿度大，易出现断裂，残茬留在土中易出现腐烂，造成病菌为害，也有可能用力过大，将整个鳞芽群一起带出。

②切割法。用刀具于土下 2～3 cm 处，将符合采收标准（或需要采收）的嫩茎切下。此法对鳞芽群不会产生影响，但采后地下留有一定的残茬，工作量大，而且土中湿度大时，在土中的残茬易受病害为害，伤及鳞芽群。

2）采收芦笋的嫩茎长度标准。鲜销芦笋可在长达 30～45 cm 时采收，若作加工原料，则在 14～20 cm 时采收，但都要求茎顶鳞片未散开。因此，有些还未长到标准，顶部鳞片已露开散迹象的，就要早采。此外，一些纤细、畸形、有病虫为害的嫩茎，都应及早除去，以免自耗养分。要注意将残茬上长出的侧枝及时掰去，否则也会消耗养料，且会成为病害滋生的温床。

3）采收芦笋的时间。一般每天早晨采收 1 次。早春温度低，嫩茎少，生长慢，可 2～3 天采收 1 次。当气温达 20 ℃以上时，应每天采收 1 次。气温达到 30 ℃以上，或者嫩茎日生长量达 10 cm 以上，应每天早、晚各采收 1 次。

4）产品的整理与捆扎。整理鲜销的产品时，剔去残次品，将芦笋按嫩茎粗度、顶尖鳞片的松散度、嫩茎的形状分成三级：一级笋，茎基部直径在 1.2 cm 以上，笋形直，鳞片包裹紧密；二级笋，茎基部直径在 0.5～1.2 cm 之间，笋形直，鳞片包裹紧密；三级笋，茎基部直径在 0.5 cm 以下，笋形有一定弯曲，鳞片包裹一般。按级别分别捆扎成束。

捆扎时将顶部对齐，扎好后按长度要求（鲜销为 35～45 cm），切去基部多余部分或木质化部分，如图 1－7 所示。每束的重量可根据销售的要求确定，每束支数因束的大小及茎的粗细而异。

（4）采收期管理。在留母茎采收情况下，管理目标主要是提高和保持母茎的光合作用效能，防止早衰和病虫为害。主要管理措施如下：

1）去除不良嫩茎。及时去除有严重弯曲、开裂、弯头、空心、两支并生、畸形、受病虫害、冻伤及细茎等问题的不良嫩茎。

2）灌水。土温在 10 ℃以上，灌水才有效果。在收获中后期灌水，不仅可满足水分供应，还能降低地温，更有利于提高芦笋的品质。早春灌水应在午前进行，尤其早春气温低，有利于土温回升。在中后期，以低浓度的可溶性液肥带水灌溉，效果更为显著。

3）除草。必须及时去除实生苗及田间杂草。为防止杂草滋生，应采取人工方式拔除杂草。

4）追肥。在整个留母茎采收期间，矿质营养的供应对于防止母茎衰老、提高与延长

图 1－7　芦笋捆扎

母茎的光合作用强度和时间、促进同化养分运转有着十分重要的作用，追肥的增产效应也极显著。为此，在采收期间要多次追肥，通常每 10～15 天左右追 1 次。肥料类型以速效氮、钾肥为主，避免磷肥过量，否则将会促成母茎纤维化。对于不留母茎的传统采收法来说，在采收至中期以后，也应追肥 1～2 次 45% 复合肥，瘠薄土壤每亩每次追肥施尿素 20 kg、硫酸钾 15 kg。

5）防冻害。早春芦笋露在地面，极易遭受低温的影响。受冻后的嫩茎生长受阻，易发生弯头、空心等不良现象。因此，在不同栽培环境中，应关注早春的天气情况，及时做好防冻害工作。可通过灌水提高土壤的含水量。在保护地栽培中，应掌握上膜保温时期，避免嫩茎抽生过早，同时每天应根据气象预报及时覆膜保温或加盖其他保温材料。

**6. 大棚保护地栽培技术（半促成栽培）**

（1）栽培管理

1）适时保温。应根据不同季节的气候变化规律和大棚的保温能力确定覆膜保温开始日期。要求覆膜保温后，棚内最低温度在 5 ℃以上；萌芽开始以后，棚内绝对不能出现 0 ℃以下低温。

2）定收获期。与露地栽培不同。应根据生长年限，前一年株丛的发育状况，品种熟性早晚、休眠深度和保温条件，以及收获期间嫩茎产量和质量变化等要素，综合确定收获期限。

3）注意防冻。采收早期，外界气温低，常有寒流侵袭，应注意防冻。

4）加强水分管理。由于采收期间棚内温度高，需常通风换气，但易导致土壤水分丧失，要经常灌水，以免土壤水分供应不足，导致旱害。

5）适时施肥。由于采收期长，棚内温湿条件前后变化剧烈，采收后期的鳞芽群已极度衰弱，株丛生育初期茎枝长势差，应早施速效复壮肥，以促进新茎成长。

6）植株调整。保护地栽培能打破芦笋的原有生育周期，鳞芽反复萌芽的次数多，需采取植株打顶、清理茎枝等植株调整技术，控制株丛发育进程，避免株丛生育过茂，控制病害蔓延，并要加强喷药防治病虫害工作。

7）大棚搭建。保护地育苗可进行提早定植，大棚定植后可加快生长和发育，为芦笋的提早采收提供技术保证，因而大棚应在定植前搭建好，以利于获得最大的经济效益。

（2）采收及采收后管理

1）越冬前的作业。一般在 11 月下旬地上部分枯黄后，对枯株实行两次清园。第一次用镰刀在距地面 20 ~ 30 cm 处进行割除作业，并将割除的枯株移出田间，清理田间的枯枝残叶，对土表用 25% 嘧菌酯悬浮剂 1 000 倍液进行土壤处理，在距棵盘 20 ~ 30 cm 处，开 10 ~ 15 cm 的浅沟，每亩施腐熟有机肥 1 500 ~ 2 000 kg 和 45% 蔬菜专用复合肥 30 ~ 50 kg，对土壤进行冬翻，开通田间排水沟，打开大棚膜，补充田间的水分，促进芦笋进行深度休眠。次年 1 月进行第二次清园，用手拔除留下的残茬，上覆 3 ~ 5 cm 的熟土，关好棚门，放下裙膜。特早熟栽培的大棚内加中棚和小环棚或地膜。

2）保温开始至采收前的管理。当外界气温平均为 0 ℃左右时开始保温，也可在冬季第二次清园以后开始保温，即装上大棚膜、中棚和小环棚。

大棚里的中棚和小环棚是保温的主体。在鳞芽萌发前，小环棚上的薄膜要密封，不要透气。若在嫩茎出土前覆地膜，可提高保温效果，保持土壤水分。但当幼茎突出土面时，应及时揭掉地膜。

幼茎萌生后，要防止夜间的冻害。在早期外界气温还较低时，晚间小环棚上应被覆保温材料，特别在外界夜温低于 5 ℃时，否则将会出现冻害。当棚内温度达到 32 ℃以上时，要进行换气通风和降温。

3）采收期管理。根据外界气温回升情况及植株储藏养分消耗情况，分前后两个阶段管理。前期重点做好小环棚的开闭和晚间保温材料覆盖，防止冻害及低温导致异常情况发生。采收后期，因外界气温升高，要经常揭开大棚四周裙膜通风换气，此时土壤极易干燥，调水最为重要。要注意观察记录采收的嫩茎数量和质量的变化，及时判断采收结束期。

①小环棚的开闭。密闭环棚内的温度，在白天阳光充足时可高达 30 ℃以上。通常以

25 ℃为棚膜开闭的标准温度。具体方法：晴天上午 9 时揭膜，下午 3 时及时盖膜。寒冷天气应提早盖膜。当外界平均温度在 5 ℃以下时，晚间要加盖无纺布保温。当外界气温在 5 ℃以上时，晚上可以不必盖保温材料。为调节棚内温度，应每天开闭大棚，但这会使棚内水分散发过快，导致土壤干燥，夜间易遭受冻害，这时要经常少量浇水，以提高保温效果。

②采收。嫩茎生长需要比较高的温度，从萌芽至采收，15 ℃左右需 8 天，20 ℃左右只需 4 天。因此，早期低温时产量上升极慢，但在不受冻害影响的情况下，产品的质量高，头部紧密，含糖量高。当温度达到一定范围后会出现采收的高峰。相反，在高温影响下，头部容易松散，品质下降。为提高品质，要加强通风换气降温管理，并要多灌水，增加每天的采收次数。同时，要及早除去过细、冻伤和其他不良茎株。

③灌水。早期灌水只需轻浇。中期后随着气温升高，大棚要经常揭膜通风降温，容易造成土壤水分不足，又因嫩茎长得快而多，需水量逐步增加，因此，浇水次数和浇水量都要增加。棚的中心温度高，土壤失水快，浇水量要适当增加。一般每次浇水量以达到畦面，但水不没畦面为准。浇水应在采收后的午前实施，最好浇井水。午后地温相对较高，浇水水温过低不利于嫩茎生长。

④栽培管理。多施腐熟有机肥，适度深耕，能提高土壤的保水性和改善土壤团粒结构。

⑤大棚换气。根据芦笋生长对温度的反应，棚内的温度不宜超过 25 ℃，当白天棚温升达 25 ℃时，应卷起大棚两侧的裙膜。当外界气温稳定在 30 ℃时，可卸除裙膜和打开棚门。

⑥追肥。采收嫩茎开始后，每隔 10 ~ 15 天追肥 1 次。每次每亩施尿素或 45% 复合肥 15 ~ 20 kg，应结合灌溉追施。

⑦留换母茎时间。大棚栽培采收期比露地早 2 个多月开始，且棚内温度状况比小环棚好，采收盛期出现早，留换母茎时间应适当提前。由于每年气候条件变化有差异，当年和前一年株丛发育状况不同，每年留换母茎时间常有不同。决定收获期的主要指标是产量和质量的变化。一般符合茎基部直径在 1 cm、嫩茎在 15% 以下，即可进行留换母茎，也可根据市场需求，适当提早或延迟留换母茎。

（3）留换母茎期间的田间管理。采收结束后，田间进行全面中耕除草，施复壮肥，把垄土扒开，及时清理残留的老根，并向根株喷洒杀菌剂，暴晒 5 ~ 7 天后，重新作畦，向棵盘培土 8 ~ 10 cm，以防植株倒伏。以后进入株丛养育期的管理，其主要管理工作如下。

1）施肥。为使鳞芽尽快生长，形成枝叶，采收结束后每亩施腐熟有机肥 1 500 ~ 2 000 kg、45% 复合肥 20 kg 和尿素 6 kg；7 月初施尿素 8 kg、硫酸钾 5 kg，或 45% 复合肥 25 kg，以防植株衰老；8 月上旬施秋发肥，每亩施45%复合肥40 kg，或氮6 kg、磷肥7 kg、硫酸钾肥6 kg；9 月下旬根据植株生育状况，每亩施尿素4 kg、硫酸钾2.5 kg，以防植株早衰。

2）控制茎数。对采收结束后刚长出的茎，在清除细、弯、病、弱等不良茎的基础上，每棵只保留5～8 株，相当于每个鳞芽群保留1 株嫩茎；第二次抽生时保留10～15 株地上茎，并进行打顶摘心，防止倒伏，提高透光率，促进地上部分的生长发育。到秋发时，只需将老、弱、病株和新发生的小分枝除去，确保其健康生长。

3）立支架防倒伏。经清理后的地上茎，不能相互依靠，否则植株易倒伏，为此，除培土、打顶外，还应立支架。

4）病虫防治。重点防治芦笋紫斑病的发生，应选用77%可杀特等杀菌剂，在高温高湿季节进行前期防治。

# 1.2 芦笋主要病虫害及其防治

## 1.2.1 主要病害

### 1. 茎枯病

（1）病害症状（见图1－8）。芦笋茎枯病的病菌以侵染笋株的嫩茎和嫩枝为主。最初在侵染处形成针刺状乳白色针尖大小的斑点，随着时间的推移，受害部位的斑点逐渐扩大形成纺锤形、棱形、椭圆形水渍状的小病斑，以后病斑逐渐变为中间色泽比较浅、周边色泽比较深的褐色、红褐色或黑褐色的病斑，相邻的两个或多个病斑扩大相连接会形成不规则的大病斑。由于病斑继续向四周扩展，受害的部位最外边仍为水渍状，最后病斑干枯变为灰褐色或灰白色，病斑中间部位稍凹陷，在病斑上面密生疮痂状针尖大小的小黑点，小黑点散生或呈不规则的轮纹状排列，小黑点是芦笋茎枯病菌的分生孢子器，内含分生孢子。芦笋茎枯病因受环境条件的影响，分成慢性与急性两种病症。

（2）发生规律。芦笋地上茎入冬枯死，病原菌以休眠菌丝和分生孢子器附着在病残体上越冬。到春季，在温度、湿度等环境条件适宜的情况下，分生孢子器中产生分生孢子，进行当年的初次侵染。

在距离老芦笋比较远的地区新生产芦笋时，茎枯病最初的侵染主要是种子或幼苗携带病菌，或者是人为或通过交通工具携带病菌进行远距离传播造成的。在距离老芦笋比较近的地区新生产芦笋时，茎枯病最初的侵染主要是种子、幼苗、人为、交通工具、风雨、昆

图 1－8　芦笋茎枯病症状

虫等携带病菌进行传播造成的。芦笋一旦遭受茎枯病菌侵染发病后，病斑上形成的菌丝和分生孢子通过风雨、气流、河流、车辆、昆虫、农事操作、病株与健株接触、土壤的病菌与笋株接触等可以进行再次侵染。在芦笋生育期间，全年可以进行多次侵染循环，在发病盛期平均 10 天左右就完成一个侵染周期。

（3）防治措施

1）农业防治。选用抗病性比较强的品种、做好种子处理、选择适宜栽培的田块、合理密植、科学配方施肥、降低田间湿度、科学选留地上茎、地面覆盖作物秸秆、防止地上茎倒伏、调节株叶分布、清理无效分枝和过密枝及劣质茎、避免间套作、勤中耕除草、调节植株发育、保护地栽培等，其中保护地栽培芦笋可从根本上解决芦笋的茎枯病。

2）化学防治。在发病初期，可选用 50% 啶酰菌胺水分散剂 1 500 ~ 2 000 倍液、43% 戊唑醇乳油 3 000 ~ 4 000 倍液、25% 嘧菌酯悬浮剂 1 000 ~ 1 500 倍液、50% 嘧菌酯水分散粒剂 3 000 倍液进行交替防治，防治的间隔时间为 7 ~ 10 天，应注意每一种农药的安全间隔期。

**2. 紫斑病**

（1）病害症状（见图 1－9）。芦笋紫斑病也称为芦笋褐斑病，多发生在植株的发育后期，以为害芦笋的分枝为主，也为害芦笋的主茎。植株受害后，先在染病部位形成紫褐色的小斑点，以后逐渐扩大形成近圆形或纺锤形的大病斑。病斑四周为紫褐色，中央为浅褐色至灰褐色。主茎受害后一般不会造成笋株枯死，分枝受害后可造成病斑以上部分枯死。

图 1-9 芦笋紫斑病症状

（2）发生规律。芦笋紫斑病菌在病残体上越冬，在翌年温度、湿度适宜的条件下产生分生孢子，通过风雨或农事操作将病菌带入病区或无病区进行初次侵染，发病后产生分生孢子进行再次侵染为害，全年可进行多次侵染循环。在高温、连续阴雨、浇灌过勤和浇灌水量过大、留茎数量偏多、枝叶密集、植株过于荫蔽、通风透光差、田间湿度过大等条件下，病害程度会比较严重；间作毛豆、花菜、玉米、大蒜等品种的田块，为病菌提供了寄生和湿度条件，病害程度会比较严重；氮肥施用偏多，有机肥、磷肥、钾肥施用不足，微量元素缺乏等，病害程度会比较严重。

（3）防治措施

1）农业防治。从无病留种植株上采收种子，选用无病种子；引进商品种子，在播种前进行种子处理；加强栽培管理，如深沟高畦、合理密植、疏通四周沟系防止雨后田间积水和降低地下水位等。

2）化学防治。可选用50%啶酰菌胺水分散剂1 500～2 000倍液、430 g/L戊唑醇悬浮剂3 000～4 000倍液、18%戊唑醇微乳剂1 000～2 000倍液、250 g/L吡唑醚菌酯乳油2 000倍液等喷雾防治。病害发生初期开始喷药，用药的间隔期为7～10天，连续喷施2～3次。

**3. 枯梢病**

芦笋枯梢病在各芦笋栽培地区均有不同程度的发生。

（1）病害症状。在嫩茎萌发至出土后病害发生，造成嫩茎从上部失水萎蔫，后期造成嫩茎弯曲，鳞片易形成褐色条斑，茎部下陷、枯黄或枯死。母茎或秋茎生长期间受害后，会造成植株最上部失水萎蔫，枝梢发黑枯死，以后逐渐造成基部凹陷，枝和拟叶发黄或全株枯死。

（2）发生规律。高温干旱造成植株缺水而发病。田间积水或土壤过于板结，土壤通气性差，因缺少氧气，造成根系无氧呼吸，使根系的吸收机能受到抑制，植株缺少水分供应，生理失水而发病。土壤含盐、碱的浓度过高，pH 值过低或过高，易造成植株生理缺水而发病严重。肥料施用数量过多、施用了没有经过充分腐熟的有机肥、施肥过于集中、施肥点距植株过近等，也易造成枯梢病的发生。

（3）防治措施

1）防旱降温。在高温干旱的情况下，通过浇水，增加土壤湿度。

2）增加土壤的通气性。在雨后或浇灌后，要及时松土，对于土壤透气性差的田块，要勤松土除草。

3）每次培土不要过多。应采取多次的培土方法，以增加土壤的通透性，提高根系的活性。

4）注意施肥。每次施肥肥料的施用量不要过多；有机肥在施用之前应充分腐熟；施肥不要过于集中；施肥不要距笋株过近，防止根系处土壤中肥料浓度过高，影响根毛吸收。

5）降低土壤盐碱浓度和调节土壤酸碱度。对于土壤盐、碱浓度过高的田块要进行降盐改碱，使土壤酸碱度在中性左右。

**4. 叶枯病**

（1）病害症状（见图 1－10）。芦笋叶枯病菌以侵染为害拟叶为主，病菌从叶尖或叶缘处侵入；也可侵染为害分枝，分枝受害后，首先形成灰白色不规则形状的小病斑，以后形成边缘淡褐色、中间灰白色的病斑，最后扩展为灰褐色的病斑。在拟叶和小分枝上病斑比较多，在湿度大的条件下病斑上可产生黑色霉状物。发病比较轻时，拟叶发黄，有时病斑不明显；发病比较严重时，拟叶脱落，分枝或植株枯死。

（2）发生规律。芦笋叶枯病菌主要以菌丝体或子囊壳在病残体上越冬，在翌年温度、湿度适宜的条件下产生子囊孢子，通过风雨、农事操作等方式进行初次侵染，发病后产生分生孢子可进行多次侵染循环。芦笋叶枯病菌是一种弱寄生性病菌，常与其他病菌混合侵染为害。在高温高湿、通风透光差、氮肥施用过量、其他病害发生严重等条件下发病严重；间作洋葱、大蒜的田块发病严重。

图 1－10　芦笋叶枯病症状

（3）防治措施

1）农业防治。从无病留种株上采收种子，选用无病种子，选育耐病和抗病品种，对种子进行播种前药剂处理，不与桑果园进行轮作，清洁田园，增施有机肥，开通田间排水沟等。

2）化学防治。同芦笋茎枯病防治。应在发病初期开始喷药，每隔 7～10 天喷施 1 次，连续喷 2～3 次，可实行不同种类农药的交替使用。

### 1.2.2　主要虫害

**1. 小菜蛾**

（1）形态特征

1）成虫。体长 6～7 mm，翅展 12～15 mm，为灰褐色小型蛾子。雄蛾前翅后缘从翅基至外缘有一淡黄白色波状带，雌蛾的波状带灰黄色，雄蛾比雌蛾鲜艳。蛾子停息时两翅覆盖于体背成屋脊状，接合处形成 3 个连串的斜方块（从背面看）。前翅缘毛较长，特别是靠近外缘处；后翅银灰色，缘毛也很长。雄蛾腹部末端左右分裂，雌蛾不分裂，呈管状。

2）卵。椭圆形，扁平，淡黄色，有光泽，长约 0.5 mm，宽约 0.3 mm，多数为单粒产，大多产在叶背靠叶脉的凹处，少数产在叶面凹陷处。

3）幼虫。共4龄，老熟幼虫长8~11 mm，淡黄绿色或深绿色，纺锤形，体上有稀疏、长而黑的毛。头部褐色，前胸背板上有淡褐色无毛斑纹排列成2个“U”字形纹。臀足后伸，超过腹末，形成头小、尾小的特殊形态，由此俗称为“二头尖”，如图1－11所示。

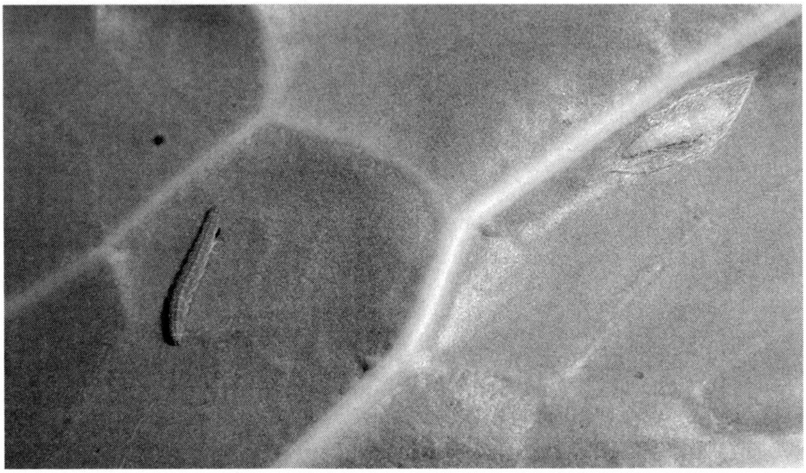

图1－11　小菜蛾幼虫

4）蛹。长5~8 mm，老熟幼虫常在叶背吐丝编织的稀薄灰白色网状虫茧中化蛹。初化的蛹呈水绿色，逐渐转为淡黄绿色、淡黄褐色，即将羽化的蛹为灰褐色。

（2）发生与为害。小菜蛾在上海地区年发生12~14代，世代重叠现象严重，露地以蛹在田间十字花科作物上越冬，保护地内可周年为害。

成虫有趋光性，夜间午夜前对黑光灯、日光灯有较强的趋光性。白天躲在植株的荫蔽处，在受惊时可短距离低飞。越冬代成虫寿命最长可达60多天，产卵期长达40余天，平均每头雌蛾产卵量200多粒。以后各代成虫寿命5~10天，产卵期4~7天，平均每头雌蛾产卵量50~100余粒。成虫产卵对寄主有选择性，趋于生长旺盛、含芥籽油较高的蔬菜作物上产卵，特别是甘蓝、花椰菜、大白菜受卵量高、受害重。卵多数散产于作物的叶背近叶脉的凹陷处，少数产于叶片正面和叶柄上。初龄幼虫有半潜叶钻食叶肉的为害习性，二龄以上幼虫主要取食叶肉、残剩表皮、成为透明的斑块。低、高龄幼虫喜在寄主的心叶或叶背为害，一遇惊扰就扭动身体、倒退、吐丝下垂以逃避。幼虫老熟后在叶脉附近或落叶上结茧化蛹。

适宜小菜蛾生长发育的温度范围为8~40 ℃；最适环境温度为20~30 ℃，相对湿度为70%以下。小菜蛾对环境的适应性较强，在12~35 ℃温度下都可正常生长、发育、繁殖；在35~40 ℃的高温区仍能生存，但种群繁殖受到明显的抑制。卵的发育起点温度

9.4 ℃，幼虫的发育起点温度7.4 ℃，蛹的发育起点温度7.7 ℃。在盛发期内完成一个世代发育历期为15～20天。

上海地区小菜蛾年内盛发期在5—6月（2～4代为害最重）、9—10月（9～11代为害中等）。芦笋苗期受害可引起毁苗；秧苗定植后因中心叶受害而使新叶无法正常生长，导致毁种；生长后期严重受害可影响包心、引发软腐病等，造成大幅度减产。小菜蛾在留种蔬菜上还会取食嫩茎，钻食幼嫩的种荚，影响留种菜株的采制种。

（3）防治措施

1）农业防治。十字花科蔬菜收获后应及时翻耕灭茬，防止残存虫源在收获后的残菜叶上繁殖，减少田间虫口基数，并在茬口安排中尽量避免十字花科蔬菜周年连作栽培。重发生地区可在盛发期选择瓜类、豆类等作物茬口轮作，实施栽培避虫。

2）喷灌法。合理利用小菜蛾怕雨水的特点，在干旱时改浇水灌溉为喷灌，通过人工造雨措施减轻小菜蛾的发生与为害。

3）用植物源诱剂诱杀成虫。例如利用宁波纽康生物技术有限公司开发的植物源诱小菜蛾成虫的黄色诱虫黏胶板诱杀成虫，减少田间卵量。

4）性诱剂迷向法防治。例如在春季日均温度回升到15 ℃后，在田间使用宁波纽康生物技术有限公司生产的迷向型小菜蛾诱芯，每1.5亩设置一根诱芯，干扰小菜蛾成虫的交配，减少为害。每60～80天换一次诱芯，防治效果可达45%～60%。

5）化学防治。在幼虫卵孵盛期至一二龄幼虫发生高峰期施药。该虫有很强的抗药性，因此在选用农药时要注意交替用药。可选用5%氯虫苯甲酰胺悬浮剂1 000倍液、3%多杀霉素水乳剂1 000倍液、5.7%甲氨基阿维菌素苯甲酸钠水分散剂3 000倍液、24%甲氧虫酰肼悬浮剂2 000倍液、150 g/L茚虫威悬浮剂3 000倍液喷雾防治。

**2. 菜粉蝶**

（1）形态特征

1）成虫。体长12～20 mm，翅展45～50 mm。雄蝶乳白色，雌蝶淡黄白色。雌蝶前翅正面基部灰黑色，约占翅面的1/2，前翅顶角有1个三角形黑斑，沿此黑斑下方有2个圆形黑斑。雄蝶前翅正面基部灰黑色部分较小，仅限于翅基及近翅基的前缘部分，前翅顶角三角形黑斑下方的2个圆形黑斑颜色深浅不一致。

2）卵。子弹形，表面有规则的纵横隆起线。单粒产于叶面或叶背上，初产时淡黄色，孵化前为橘黄色。

3）幼虫。体长25～35 mm，青绿色，体背密布细小毛瘤，背中线黄色，两侧气门黄色。

4）蛹。体长15～20 mm，纺锤形，体背有3条纵脊，常有一丝吊连在化蛹场所的物体上。化蛹初期为青绿色，逐渐转变为灰褐色。

（2）发生与为害。菜粉蝶在上海年发生 8～9 代，以蛹越冬，越冬场所大多数在田块附近的屋檐、墙脚、枯枝残叶、篱笆、树干、砖石、杂草及残余落叶间，田间过冬作物如花椰菜、甘蓝等也是此虫越冬场所。一般在较干燥、阳光不直接照射、昼夜温差小的环境分布最多。由于越冬蛹所在环境条件不同，温度也不同，羽化进度差异大，越冬蛹羽化为成虫的时间较长，世代重叠现象严重，常年在 3 月前后陆续羽化。从 11 月中旬起以蛹越冬。入冬迟的年份，12 月中下旬田间还可以见到少量幼虫，该世代有部分虫源不能完成发育进度，为不完全世代。

菜粉蝶成虫具日出性，在晴天上午 9 时到下午 4 时活动最盛，有补充营养的习性，喜于开花植物上吸蜜。上海地区 4 月底至 5 月初，正是油菜、十字花科留种菜的盛花季节，菜花蜜源多，第二、第三代成虫产卵量较高，幼虫发生量较大。成虫寿命 5～15 天，喜欢在芥籽油含量高的植物上产卵，卵单产，每头雌蝶平均产卵量达 150 粒左右。

适宜幼虫生长发育的温度范围为 10～34 ℃；最适环境温度为 20～25 ℃，相对湿度为 70%～90%。在 32～34 ℃时，幼虫自然死亡率高。

菜粉蝶在上海地区的盛发期以 5—6 月（2～3 代）发生最重，9—10 月（7～8 代）次之，其余各代发生都较轻。以幼虫为害作物，将菜叶咬成孔洞或缺口；虫口密度高时，可将叶片吃光，只剩粗叶脉和叶柄；秧苗被害，常造成无心秧苗，影响包心；幼虫除食叶为害外，排出粪便污染菜心，取食的伤口容易引发软腐病菌侵入，引起整株发病腐烂。

（3）防治措施

1）农业防治。十字花科蔬菜收获后应及时翻耕灭茬，防止残存虫源在收获后的残菜叶上繁殖，减少田间虫口基数。

2）用植物源诱剂诱杀成虫。例如利用宁波纽康生物技术有限公司开发的植物源诱菜粉蝶成虫的黄色诱虫黏胶板诱杀成虫，减少田间卵量。

3）化学防治。在幼虫二龄发生盛期防治，用药间隔期 7～10 天，连续防治 2 次左右。由于菜粉蝶抗药性较差，可兼治的农药较多，春季常与小菜蛾兼治，秋季常与甜菜夜蛾、斜纹夜蛾、小菜蛾等兼治。

**3. 甜菜夜蛾**

（1）形态特征

1）成虫。体长 10～14 mm，灰褐色，前翅中央有肾状纹和环形纹各一个，肾状纹大小约为环形纹的 1.5～2 倍。

2）卵。馒头状，块产，表面有白色鳞毛状的覆盖物。

3）幼虫。一般有 5 个龄期，少数幼虫有 6 个龄期，体长 20～24 mm，体色多变，体背上线条斑纹不明显，但气门下有一条黄白色体线，各节气门后方都有一个白色斑纹，如图 1－12 所示。

4）蛹。体长 10 mm 左右，有一对臀刺，在臀刺的基部有两根刚毛。

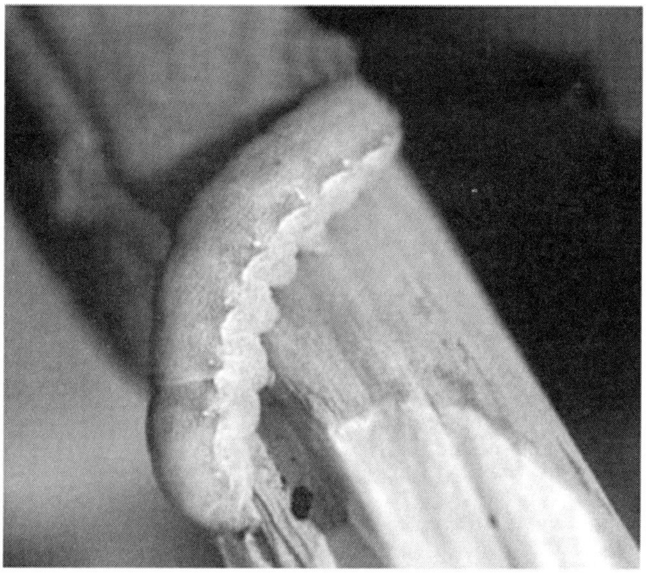

图 1－12　甜菜夜蛾幼虫

（2）发生与为害。甜菜夜蛾是迁飞性害虫，在上海和长江流域年发生 5～6 代，多数年份第 6 代为不完全世代，世代重叠现象严重。对于越冬，国内有较多的争议，根据上海市多年的越冬调查，在保护地栽培条件下甜菜夜蛾能以低龄幼虫在植株根系附近的土中休眠越冬，但这不是影响翌年发生基数的主要虫源，当环境温度达到 20 ℃以上，土中越冬的幼虫就可出土活动为害。在保护地栽培条件下最早的成虫始见期在 2—3 月，露地的最早成虫始见期在 4 月上中旬；成虫最晚在 11 月下旬至 12 月上旬可见。

成虫夜出活动，对黑光灯有趋光性，趋化性较弱。白天隐蔽，从黄昏至整个上半夜是成虫活动、取食产卵的高峰期。成虫寿命 5～12 天，平均每头雌蛾可产卵 4～5 块，200～600 粒。卵多产于植株下部叶片的背面，多数单层排列，卵块上覆盖白色鳞毛。初孵化的幼虫在卵块附近昼夜取食叶肉，留下叶片的表皮，将叶食害成不规则的透明白斑；二三龄幼虫开始逐渐四处爬散或吐丝下坠分散转移为害，取食叶片的为害状成小孔；四龄后食量骤增，生活习性改变为昼伏夜出，晴天在植株周围的阴暗处或土缝里潜伏，但在阴雨天气的白天有少量的个体也会爬上植物取食，多数仍在傍晚后出来为害，虫口密度大时，可将叶片吃光，并侵害幼嫩茎干或取食植株生长点等，也可钻入菜球内取食，造成腐烂。幼虫在虫口密度过高又缺食料的条件下，有自相残杀现象。幼虫老熟后，入土 1 ~ 3 cm，作土室化蛹。

适宜甜菜夜蛾生长发育的温度范围为 15 ~ 42 ℃；最适环境温度为 25 ~ 35 ℃，相对湿度为 80% ~95%，土壤含水量为 20% ~30%。

上海地区甜菜夜蛾的发生盛期在 7—10 月（2 ~ 4 代），以幼虫食害叶片，严重时可吃光叶片；四龄以上幼虫还可钻食甘蓝、大白菜等菜球和甜椒、番茄果实，造成烂菜、落果、烂果等；取食叶片造成的伤口和污染，使植株易感染软腐病。

（3）防治措施

1）性诱成虫防治。在每年发生初期，每 1. 5 亩应用甜菜夜蛾性诱剂 1 个，每 2 ~ 3 天清除诱捕到的成虫，可减少农药的应用。

2）农业防治。甘蓝、花椰菜、萝卜等十字花科类蔬菜采收后，要及时清除残茬，减少虫源。全田换茬时要深耕灭蛹。

3）化学防治。可选用 5% 氯虫苯甲酰胺悬浮剂 1 000 倍液、5. 7% 甲氨基阿维菌素苯甲酸钠水分散剂 3 000 倍液、10% 虫螨腈悬浮剂 1 000 ~ 1 500 倍液、240 g/L 甲氧虫酰肼悬浮剂 2 000 倍液、150 g/L 茚虫威悬浮剂 3 000 倍液、50 g/L 虱螨脲乳油 1 000 倍液等喷雾防治。

掌握在幼虫卵孵盛期至一二龄幼虫发生高峰期施药，在发生高峰期，一个代次根据虫口密度防治 1 ~ 2 次，防治间隔期 7 ~ 10 天。该虫抗药性强，因此在选用农药时要注意交替轮换用药。

针对甜菜夜蛾幼虫昼伏夜出的习性，在防治上实行傍晚喷药。一般在晚上 6 时以后，最好在晚上 8—9 时（太阳下山以后 2 小时左右），害虫全部上叶取食时施药，使药剂能直接喷到虫体及其食物上，触杀、胃毒并进，增强毒杀效果。

**4. 斜纹夜蛾**

（1）形态特征

1）成虫。体长 14 ~ 20 mm，翅展 30 ~ 40 mm，深褐色。前翅灰褐色，从前缘基部斜向后方臀角有一条白色宽斜纹带，其间有两条纵纹。雄蛾的白色斜纹不及雌蛾明显。

2）卵。馒头状，块产，表面覆盖有棕黄色的疏松绒毛。

3）幼虫。共 6 龄，体长 35 ~ 47 mm，体色多变，从中胸到第九腹节上有近似三角形的黑斑各一对，其中第一、第七、第八腹节上的黑斑最大，如图 1 – 13 所示。

4）蛹。体长 15 ~ 20 mm，腹部背面第四至第七节近前缘处有一小刻点，有一对强大的臀刺。

（2）发生与为害。斜纹夜蛾是迁飞性害虫，在长江流域年发生 5 ~ 6 代，世代有重叠；

图 1－13 斜纹夜蛾幼虫

在华南地区可终年为害。对于越冬，国内有较多的争议，根据上海市多年的越冬调查，在保护地栽培条件下斜纹夜蛾能以低龄幼虫在植株根系附近的土中休眠越冬，但这不是影响翌年发生基数的主要虫源，当环境旬均温度达到 20 ℃以上时越冬的幼虫可出土活动为害。在保护地栽培条件下最早的成虫始见期在 2—3 月，露地的最早成虫始见期在 4 月上中旬；成虫最晚在 11 月下旬至 12 月上旬可见。

成虫夜间活动，对黑光灯有趋光性，还对糖、醋、酒及发酵的胡萝卜、麦芽、豆饼、牛粪等有趋化性，产卵前需取食蜜源补充营养，白天躲藏在植株茂密的叶丛中，黄昏时飞回开花植物。成虫寿命 5～15 天，平均每头雌蛾产卵 3～5 块，400～700 粒。卵多产于植株中下部叶片的背面，多数多层排列，卵块上覆盖棕黄色绒毛。初孵化的幼虫先在卵块附近昼夜取食叶肉，留下叶片的表皮，将叶食害成不规则的透明白斑，遇惊扰后四处爬散或吐丝下坠或假死落地；二三龄幼虫开始逐渐四处爬散或吐丝下坠分散转移为害，取食叶片的为害状成小孔；四龄后食量骤增，有假死性及自相残杀现象，生活习性改变为昼伏夜出，晴天在植株周围的阴暗处或土缝里潜伏，但在阴雨天气的白天有少量的个体也会爬上植物取食，多数仍在傍晚后出来为害，至黎明前又躲回阴暗处。虫口密度大时，可将叶片吃光，并侵害幼嫩基干或取食植株生长点等，也可钻入菜球内取食，造成腐烂。在虫口密度过高、盛发时，幼虫有成群迁移的习性。幼虫老熟后，入土 1～3 cm，作土室化蛹。

适宜斜纹夜蛾生长发育的温度范围为 20～40 ℃；最适环境温度为 28～32 ℃，相对湿度为 75%～95%，土壤含水量为 20%～30%。

上海地区斜纹夜蛾的发生盛期在 7—10 月（2～4 代），常与甜菜夜蛾同期发生，幼虫食害叶片，严重时可吃光叶片；四龄以上幼虫还可钻食甘蓝、大白菜等菜球和茄子等多种作物的花和果实，造成烂菜、落花、落果、烂果等；取食叶片造成的伤口和污染，使植株易感染软腐病。

（3）防治措施

1）性诱成虫防治。在每年发生初期，每 1.5 亩应用斜纹夜蛾性诱剂 1 个，每 2～3 天清除诱捕到的成虫，可减少农药的应用。

2）农业防治。甘蓝、花椰菜、萝卜等十字花科类蔬菜采收后，要及时清除残茬，减少虫源。全田换茬时要深耕灭蛹。

3）生物防治。斜纹夜蛾幼虫对病毒制剂极敏感，使用 300 亿 PIB/g 甜菜夜蛾核型多角体病毒水分散剂 8 000～10 000 倍液可以得到较好的防治效果。

4）化学防治。用药同甜菜夜蛾。

掌握在幼虫卵孵盛期至一二龄幼虫发生高峰期施药，该虫常与甜菜夜蛾同时混发，有较强的抗药性，因此在选用农药时要注意交替用药。

针对斜纹夜蛾幼虫昼伏夜出的习性，在防治上实行傍晚喷药。一般在晚上 6 时以后，最好在晚上 8—9 时（太阳下山以后 2 小时左右），害虫全部上叶取食时施药，使药剂能直接喷到虫体及其食物上，触杀、胃毒并进，增强毒杀效果。

**5. 蓟马**

（1）形态特征

1）成虫。如图 1－14 所示，成虫体长为 1.0～1.3 mm，黄褐色，背面色深；翅狭长，透明，前翅脉上有鬃 10～13 根，排列成 3 组，后翅脉上有鬃 15～16 根，排列均匀；触角 7 节；复眼一双（紫红色），单眼 3 只。

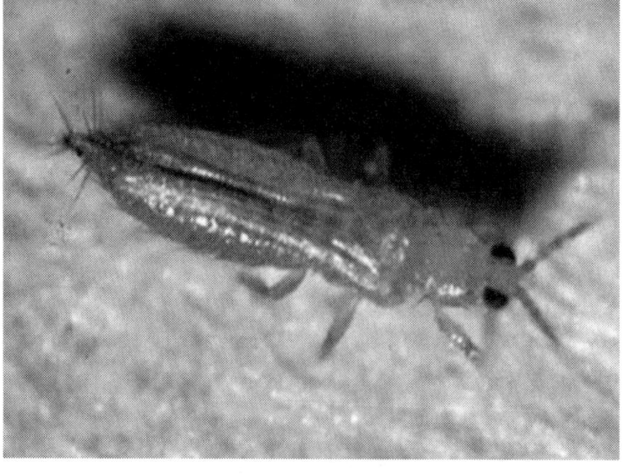

图 1－14　蓟马成虫

2）卵。长0.2～0.3 mm，初期肾形、乳白色，逐渐变成椭圆形、黄白色，明显可见红色眼点。

3）若虫。共4龄，体长约1 mm，淡黄色，触角6节，第4节具有3排微毛，胸、腹部各节有微细褐点，生有粗毛。4龄时翅芽明显，不取食，但可活动，称为伪蛹。

（2）发生与为害。蓟马在上海及长江流域年发生10～12代。多以成虫或若虫在芦笋根株处、杂草上越冬，少数以伪蛹在土壤内越冬，在翌年气温达到10 ℃以上时开始活动为害。一般5—6月、8月下旬至11月上中旬是为害盛期，在暖冬年份终年可见。

成虫活跃，能飞善跳，多为孤雌生殖，雄虫少见。白天喜在隐蔽处为害。卵多产在嫩芽的鳞片内。初孵若虫不太活跃，多集中在嫩茎顶部鳞片内为害。通常栖于芦笋嫩芽、嫩茎及花瓣，芦笋各生长期皆可发现成虫及若虫为害。

适宜蓟马生长发育的温度范围为10～30 ℃，最适温度为20～26 ℃，相对湿度为40%～70%。卵期为3～7天，若虫历期9～15天，“伪蛹”期3～7天，完成1代需15～30天。若连续多天日均温度稳定在28 ℃以上，虫口密度会迅速下降。多雨水的年份或多雨季节发生轻，暴雨后虫口数量可明显减少，勤浇水地块发生偏轻。

蓟马以成虫和若虫为害芦笋的笋尖鳞片及嫩茎等，主要是吸食嫩笋（茎）汁液，导致笋尖弯曲、枯萎，影响品质（商品价值）；嫩茎发育不良、畸形，严重时使株丛矮小。

（3）防治措施

1）农业防治。春季清除笋田周围杂草，消灭越冬寄主上的虫源。加强肥水管理，可减轻为害。

2）色板诱杀。使用植物诱源蓝板或黄板（每亩25～30块）诱杀成虫。

3）物理防治。在笋田间应用银灰条膜或银灰防虫网进行避虫，驱赶田间虫源。

4）化学防治。在发生始盛期用药防治成虫和若虫，每隔7～10天喷1次，连续用药喷雾防治2～3次。可选用22.4%螺虫乙酯悬浮剂3 000～4 000倍液、6%乙基多杀菌素悬浮剂1 000～1 500倍液、40%啶虫脒水分散粒剂3 000～4 000倍液、3%多杀菌素水乳剂1 000～1 500倍液、25%噻虫嗪水分散粒剂4 000～5 000倍液等喷雾防治。

2

# 第2章

## 金　　瓜

金瓜又名金丝瓜、搅瓜、茭瓜等，为葫芦科南瓜属一年生草本植物。金瓜以食用老熟瓜为主，成熟瓜皮金黄色，故名金瓜。又因其瓜肉经搅拌自然形成晶莹透明的金黄色细丝而被称为“金丝瓜”。瓜丝味形似海蜇，因此又有“植物海蜇”的美称。

金瓜原产于北美洲南部，我国在明代就有栽培。上海地区金瓜栽培历史悠久，传说在明朝万历年间（公元1600年前后）崇明岛已有金瓜栽培，《上海县志》《嘉定县志》《青浦县志》也均有金瓜的记载。但从20世纪40年代以后，上海地区仅崇明仍有栽培。至20世纪70年代，金瓜仅在我国的上海、安徽、湖北、辽宁等少数地区有栽培。20世纪90年代开始，由于金瓜风味独特，北京、广东、山东等地纷纷将其作为特种蔬菜引进种植，栽培面积不断扩大。

# 2.1 金瓜栽培技术

## 2.1.1 主栽品种

**1. 无蔓金瓜**

新培育品种。根系发达，矮生无蔓，丛生。嫩果白色，成熟果金黄色，果形好，耐储藏，瓜肉厚，瓜丝淡黄色，品质佳。生育期80~90天，四季均可栽培，适宜反季节保护地栽培。

**2. 崇明金瓜**

上海市崇明地方特色品种。植株蔓生，主蔓长3~4 m，茎蔓较粗，有棱沟刺毛，节间长10~13 cm，分枝较多。叶绿色，呈心脏形或三角形。主蔓7~10节着生第一雌花。果实椭圆形，嫩瓜为乳白色兼有绿白色网纹，老熟瓜金黄色，如图2-1所示。小果型单瓜重0.7~1 kg，果肉黄色，瓜丝较脆；大果型单瓜重2.0~3.0 kg，果肉色淡，丝状物较粗，品质较好。每亩产量2 500~3 000 kg。

**3. 崇金1号**

由上海市崇明区蔬菜科学技术推广站利用本地种质资源通过品种（系）杂交而成的矮生型金瓜新品种（见图2-2），母本505是崇明金瓜CMO005短蔓变异植株，父本2211是1999年从台湾矮生型杂交品种中自交分离而成。该品种矮生、早熟，生育期85~90天。植株生长势强，主蔓长46~48 cm；叶片较大；第1雌花着生在第7~9节；瓜椭圆形，纵径24 cm，横径17 cm，单瓜重1.5~2 kg，老熟瓜皮黄色，瓜丝淡黄色，口感脆嫩，成丝率较高，耐储藏；抗逆性较强，适宜保护地早熟栽培。

图 2－1　崇明金瓜

图 2－2　崇金 1 号

### 2.1.2　栽培技术

**1. 早春露地小环棚栽培技术**

（1）品种选择。早春露地小环棚栽培的金瓜主要有长蔓金瓜（如崇明金瓜）和矮生型（直立型）金瓜（如崇金 1 号）两种类型。

（2）培育壮苗。春季露地或半露地栽培的金瓜宜采用育苗定植，也可采用直播方式种植。育苗定植的主要优点是能抓住季节特点，利于茬口安排和早熟，苗期管理方便，定植大田后生长整齐，不易缺棵，能确保每亩的种植密度。

1）苗床的选择与准备。宜选择地势高、土壤肥沃、排水通畅、向阳背风、光照充足的沙质壤土作苗床。在播种前 30 天每亩施入腐熟的优质有机肥 3 000 ~4 000 kg、过磷酸钙 50 kg，然后耕翻 2 次，使土壤与肥料充分混匀。

2）作畦制钵。土壤耕翻后要及时作畦，畦沟深 25 ~30 cm、宽 40 cm，畦面宽 1.5 ~1.8 m。畦面耙平后用地膜平盖在畦面上，四周用土压实，以防下雨或大风等影响制钵而延误农时。制钵时在畦的两边各拉一条细绳，绳子到畦边的距离为 10 cm，使两条绳子之间的距离为 1 ~1.3 m。

制钵时土壤的干湿度要适中，一般掌握在用手捏能成团、自由落下即散为度。制钵时要保持底板平，钵的高度要一致，钵与钵相邻紧密。制钵完成后用地膜平盖，四周用土压牢，等待播种。同时要备好盖籽泥，盖籽泥要用网筛过滤，去掉粗大的泥块和草根等杂质，过筛的泥土堆好后用地膜盖好备用。

3）播种。金瓜的播种时间根据栽培要求而定。露地定植的，一般掌握在 3 月上旬进行冷床育苗。播种前选择晴天先把种子晒一下，然后浸种催芽。主要采取温水浸种，播种前先用 55 ℃的热水烫种、搅动，当温度降到 30 ℃时浸种 12 小时，随后将种子捞出洗净，用干净的纱布包好，放在 30 ℃左右的温箱内催芽。催芽时，每天早晚对种子各翻动 1 次，如发现种子过干，用温水清洗一遍，一般 4 ~5 天开始出芽。待有 60% ~70% 的种子开始露白时，取出种子进行晾芽，第 2 天要及时播种。播种前一天，苗床内要浇足底水。第 2 天根据苗床的墒情确定是否再浇水。播种时做到一钵一粒种子，种子要平放，并要及时盖好盖籽泥，覆土厚度以 2 ~3 cm 为宜，要求均匀一致。覆土过薄，根系不易下扎，影响秧苗的成苗率，而且秧苗子叶易戴帽；覆土过厚会影响出苗。播种后用地膜覆盖在畦面上，以防止水分蒸发，同时套上小环棚密封保温。

4）苗床管理。初春季节时冷时暖，天气变化大，夜晚要用草帘覆盖在小环棚上，使夜间的温度保持在 10 ℃以上，白天的棚温控制在 30 ~35 ℃。播种后 3 ~7 天开始出苗，当幼苗有 60% ~70% 顶土后，应及时揭开平盖在畦面上的地膜。齐苗后要根据天气情况，适当进行通风换气，通风时间由短到长，通风口由小到大。至定植前 7 ~10 天把棚膜全部掀开，进行炼苗，确保秧苗健壮。

金瓜基质育苗如图 2 –3 所示。

（3）大田的准备和定植

1）大田选择。应选择地势高、富含有机质、排水畅通、土壤肥沃疏松、前茬未种过

图 2－3　金瓜基质育苗

瓜类植物的沙质壤土，最好实行水旱轮作。

2）大田准备。对准备种植的田块在入冬前进行深翻，让土壤充分熟化，以杀灭土壤中的病菌和害虫，降低田间病虫的发生基数。在定植前 15 天每亩施腐熟有机肥 2 000～2 500 kg 和 45% 复合肥 50 kg，二次旋耕混匀后，根据种植方式进行撒施或条施。如采用地爬栽培的，畦宽 3. 5～4. 0 m，撒施在畦的中间，肥幅为 60～70 cm。耕后耙平作畦，畦高 30 cm，畦沟宽 40 cm，畦面呈背形。定植前 5～7 天覆盖地膜，地膜的宽度为 70～100 cm。此时如遇天气干旱，土壤中的水分不足要先浇足底水，再覆盖地膜，地膜四周用土压实，每畦种植一行。

3）合理密植。金瓜的种植密度受种植方式、整枝方式、栽培习惯的影响，一般地爬栽培崇明金瓜以每亩 500～600 株为宜，立架栽培崇明金瓜每亩 1 000 株左右为宜，短蔓金瓜（如崇金 1 号）每亩 1 200 株为宜。

4）适时定植。播种后 30 天左右，叶龄达到二叶一心至三叶，夜间最低气温稳定在 10 ℃以上时即可定植。如采用地爬栽培的，每畦种植一行，株距 35～40 cm。做到打洞定植，打洞应沿地膜中心线进行，挖穴不要太深，以略深于营养土高度为宜，定植后浇足底水。为减少土温与水温的差异，也可先浇水，待穴内水下渗后，再把苗定植到穴内，然后把穴填平压实再浇封口水，以防漏风吹开地膜。立架栽培的，每畦种 2 行，株距 65～70 cm。短蔓金瓜连沟 1. 7 m 宽的畦定植 2 行，株距 60～65 cm。

（4）田间管理

1）肥水管理。定植后要及时浇 1 ~2 次缓苗水，此时因温度尚低，浇水量不可太大，以提高地温为主，促进植株根系的生长。前期要控氮不施肥，以防茎叶徒长。待有 80% 以上的主蔓结瓜坐稳后，每亩追施 45% 复合肥 15 ~20 kg。此时植株已进入生长旺盛期，在管理上应根据当时的天气情况、土壤情况、植株的生长情况进行浇水追肥，即浇水要“看天、看地、看苗”。

2）引蔓整枝。金瓜以主蔓结瓜为主，但在营养丰富的情况下侧蔓也能结瓜，一般单株可结瓜 2 ~3 个。当瓜蔓长到 50 cm 左右时，要及时引蔓、绑蔓、压蔓，使瓜蔓均匀地分布于架面和地面上，同时通过压蔓使地爬金瓜茎蔓产生不定根，增加对水分和养分的吸收。以后每隔 4 ~5 天分期分批进行，全生育期共绑蔓、压蔓 3 ~4 次。在理蔓的同时要摘除侧蔓、老叶和病叶，以利通风透光和提高植株的抗病能力。

整枝要根据田间的种植密度和植株的生长势进行，可采用单蔓整枝和双蔓整枝。种植密度高、植株生长瘦弱的田块可采用单蔓整枝。种植密度低、植株生长旺的田块可采用双蔓整枝。采用双蔓整枝的，整枝时在靠近植株基部的前 10 个节位选留 1 ~2 个生长粗壮的侧蔓为结瓜蔓，其他侧蔓剪除。当侧蔓瓜坐住开始膨大时，在坐果瓜的前端留 5 ~6 张叶片摘心。

崇明金瓜地爬双蔓整枝田间生长情况如图 2 –4 所示。

图 2 –4　崇明金瓜地爬双蔓整枝田间生长情况

3）搭架。采用立架栽培的，在瓜苗长到6～7张叶片时要及时立支架，竹竿之间的距离为45～50 cm，并进行固定。

4）促进坐果。矮生型（直立型）金瓜雌花着生一般在第5～6个节位，而长蔓金瓜第1雌花着生的节位稍后些，一般在第9个节位以后。为保持营养生长和生殖生长的平衡应及时进行人工辅助授粉，授粉的最佳时间在上午7—9时，授粉时应选择花冠肥大、生长势强、花粉粒丰富的雄花，采摘后去除花冠，将雄蕊上的花粉粒涂在雌花的柱头上，一朵雄花可授3～4朵雌花。

（5）采收。金瓜以采收老瓜为主，瓜皮由白转黄或橘黄且变硬，即为成熟。果实从坐果至成熟需30～40天（前期结的瓜时间稍长些，可根据需要分批采收）。在长江流域，露地金瓜成熟期正处于梅雨初期，因此要注意天气的变化，出现连续阴雨或暴雨，应及时采摘成熟瓜，并放在凉棚内储藏。采摘金瓜最佳时间为晴天上午10时左右露水干后进行，可防止伤表皮和便于采收伤口愈合。作为留种用的种瓜也应在开花后40天左右采收。

**2. 露地直播栽培技术**

（1）品种选择。同早春露地小环棚栽培技术。

（2）大田选择。宜选择地势高、土壤肥沃疏松、富含有机质、排灌方便、前茬未种过瓜类的沙质壤土。

（3）大田准备。前茬作物收获后要及时深翻，以熟化土壤；在播种前15～20天再细耕1～2次，细耕时每亩施入腐熟的优质有机肥2 000～2 500 kg，按畦宽3.0～3.5 m，撒施在畦的中间，肥幅为50～60 cm。耕后耙平作畦，畦高30 cm，畦沟宽40 cm，畦面呈背形。定植前5～7天覆盖地膜，地膜的宽度为70～100 cm。此时如遇天气干旱，土壤中含水量不足时要先浇足底水，再覆盖地膜，地膜四周用土压实，每畦种植一行。

（4）适时播种。露地直播金瓜应在地膜下地温稳定在10 ℃以上时播种，一般在3月下旬至4月上旬。播种前应选择晴天进行晒种，剔除瘪子和霉烂变质、受伤害的种子后，用55 ℃的温水浸种10分钟，然后把水温降至30 ℃浸种12小时，第2天捞出后用清水冲洗稍晾后待播。播种时用绳子拉直后开播种穴，但要防止与肥沟重叠而影响出苗。肥沟离种植行的距离以25～30 cm为宜，立架栽培和短蔓直立栽培的金瓜在肥沟两旁各种一行，播种穴的深度为3～4 cm，在播种穴内浇足底水后再下种，每穴下种2粒，种子要平放，二粒种子间隔2～3 cm。穴距根据种植的品种和方式而定，地爬栽培的穴距在35～40 cm，每亩播600穴左右；立架栽培的穴距在65～70 cm，每亩播900穴左右；矮生型穴距在60～65 cm，每亩播1 200穴左右。播种后要及时覆土，覆土厚度2～3 cm，然后压实地膜，地膜的四周也要用土压实，以防大风吹开，影响出苗。

（5）及时破膜。采取播种后覆膜方式的，播种后7天左右开始出苗，出苗后要及时破膜，破膜时间在上午10时前，直到破完为止。破膜后要及时在瓜秧的根部用细土压实地膜，以防水分蒸发，确保秧苗健壮生长。

（6）适时间苗和定苗。当瓜苗长到2～3张真叶时，要及时做好间苗、定苗工作，以防相互争肥争光。间苗时一定要掌握去弱留强、去小留大的原则，剔除瘦小的僵苗和弱苗，保留健壮的瓜苗，确保每穴留苗一株。

（7）其他管理措施。同“早春露地小环棚栽培技术”。

**3. 早春短蔓金瓜大棚栽培技术**

（1）品种选择。应选择生长发育快、抗病、直立型早熟品种和杂交一代，如崇金1号等。

（2）培育壮苗

1）适期育苗。当棚内的地温在10 ℃以上时，即可定植。金瓜的苗龄一般为25～30天。

2）苗床准备。如果采用大棚冷床育苗，苗床应设在保温性能较好的大棚内或日光温室内，苗床方向与大棚方向一致，苗床净宽1.2～1.5 m。畦上架设小环棚并覆盖1～2层棚膜保温。育苗期间如临时遇到寒潮低温时，可采取在小环棚上加盖草帘、无纺布等保温措施。冷床育苗，苗龄较长，育苗期在20～25天，同时还应采取增温措施，防止低温烂种。也可采用塑料营养钵或育苗盘等育苗，营养钵一般可选用8 cm×8 cm或10 cm×10 cm等规格，育苗盘一般选用50孔塑料育苗盘为宜。

3）营养土配制。营养土应在播种前20～30天配制好，营养土要求土质疏松、通气性好、保水保肥能力强、富含有机质，通常用未种过瓜类的菜园熟土和腐熟有机肥配制。

营养土配制方法：将肥沃的菜园熟土6份、腐熟有机肥4份混匀、过筛，每立方米营养土中加入过磷酸钙3 kg、50%多菌灵可湿性粉剂100 g，充分混匀，然后平铺在育苗床上，厚度8～10 cm，作为育苗播种之用。也可将配制的营养土装入营养钵或育苗盘中，并紧密摆放在苗床上，以供播种使用。营养钵在装土时不宜过满，边装边压，一般装土高度达到营养钵的3/4为宜，留出上面一部分空间供覆土用。

4）种子处理。一是选种：播种前对金瓜种子进行筛选，选出饱满种子，剔除不符合本品种形态的种子。二是晒种：选晴天将种子在日光下摊晒2～3天。三是温烫浸种：一般采用种子体积3～5倍的50～55 ℃温水烫种10分钟，其间不停搅拌，使种子受热均匀，待水温降到25～30 ℃时，再浸泡3～4小时，用清水漂洗1～2次，捞出沥干后即可播种。四是催芽：将种子摊放于湿润的纱布上，外加湿润的毛巾覆盖好，放入催芽箱或具有控温作用的设备内催芽，温度控制在25～30 ℃；在催芽过程中，应经常检查温度、湿度，2天后即可发芽。

5）播种。冷床育苗一般最早在 2 月上旬进行。播种时，先在播种前一天晚上浇足底水。播种时将种子平放，每只营养钵或穴中播一粒种子。播后覆 1.5～2.0 cm 厚的细土，并及时覆盖地膜和小环棚膜，通常温度保持在 25～30 ℃，以确保出苗整齐。出苗时，如出现种壳“戴帽”现象，如图 2－5 所示，可在早晨空气湿润时人工摘除。

图 2－5　金瓜出苗“戴帽”症状

6）苗期管理。根据培育壮苗的要求，使苗床充分接受阳光照射，增加棚温，夜间加盖草帘、无纺布等保温防寒，播种后地温控制在 25～28 ℃，一般 2～3 天即可出苗。

当苗床出苗率达到 70%～80%时，应及时揭去地膜和其他覆盖物。子叶展开后，要通风降湿、降温，将棚温控制在白天 20～22 ℃、夜间 12～15 ℃。出一片真叶后，要适当提高温度，白天可提高到 25～27 ℃、夜间 15～17 ℃，以加快真叶出叶速度。定植前 5～7 天，要进行常温炼苗，以适应定植后的气温，一般白天温度掌握在 18～20 ℃，夜间 10～12 ℃。

当第 1 片真叶平展后，随着通风量的增加、苗床水分的蒸发，若幼苗表现缺水，可选择晴天中午适量浇水，水温不低于 12 ℃。定植前 5～7 天，严格控制苗床及钵土水分，防止秧苗发嫩。在温度许可范围内，可逐渐加大大棚的通风换气，降低苗床温度、湿度，使幼苗生长健壮。

7）壮苗标准。苗龄 20～25 天，有二叶一心至三叶一心，幼苗子叶完整，下胚轴粗短，真叶平展、肥厚，节间短，叶色浓绿，根白抱土。

（3）定植

1）定植田准备。田块应在入冬前进行冬翻，在定植前 15～20 天扣好棚。扣棚前施入基肥，每亩施腐熟有机肥 2 500～3 000 kg、过磷酸钙 30～40 kg、硫酸钾 15 kg 或 45% 蔬菜专用复合肥 40～50 kg。然后将棚内土壤深翻、耙细、整平。定植前 5～7 天作畦，标准 6 m 宽大棚分 3 畦。高畦栽培，畦高 15 cm，畦沟宽 40～50 cm。定植前 3～5 天浇水并覆盖地膜。当棚内 10～15 cm 深处地温达到 10 ℃以上时，即可定植。

2）定植方法。短蔓金瓜定植，连沟 2 m 畦宽，种双行，行距为 80～100 cm，株距为 60～70 cm，每亩定植 1 100～1 200 株。定植最好选择晴天进行，并做到带药、带土定植。定植深度以子叶露出地面为宜，定植时要做到边定植、边盖小环棚膜，尽量保持棚内温度。定植后随浇活棵水，但忌浇水过多，以免因地温过低造成缓苗慢甚至烂根，封棚 5～7 天，以提高地温和棚温，促进早发根，缩短缓苗期。

大棚短蔓金瓜栽培如图 2－6 所示。

图 2－6　大棚短蔓金瓜栽培

（4）定植后的管理

1）温度控制。定植后大棚内应保持较高的棚温，以缩短缓苗期。为防止缓苗后不良气候对金瓜产生影响，当大棚温度高于 30 ℃时要放风，低于 20 ℃时要关闭通风口。阴天时要适当通风透光，降低棚内湿度，但要确保大棚温度白天保持在 20 ℃左右、夜间不低于 10 ℃。大棚内小环棚膜或其他覆盖物要早揭晚盖，以增加光照。

2）肥水管理。整个生育期间一般追肥 2～3 次。第 1 次在定植缓苗后，每亩追施尿素 5～8 kg。开花期应适当控制肥水。第 1 批金瓜坐果后进行第 2 次追肥，每亩追施 45% 三元复合肥 15 ~ 20 kg。每次追肥后应适量浇水或灌水，果实膨大期应供给充足的水分，除此以外，在整个生长期间，不遇干旱一般不必浇水或灌水。

3）植株调整。短蔓金瓜在定植活棵到开花坐果前，应做好植株的调整。短蔓金瓜以子蔓结瓜为主，6 ~ 7 节后开放第 1 朵雌花，9 ~ 13 节雌花数量明显增加。在开花结果前，主蔓上保留 3 ~ 5 个侧蔓，及时清理其他侧蔓。修剪时应选择在晴天进行，可使伤口愈合快，减少病菌从伤口的侵入。

4）人工授粉。早春大棚短蔓金瓜在开花期如遇低温连阴雨天气，会影响授粉，可采取人工辅助授粉，以提高坐果率。在上午 9 时前授粉，授粉时可去除雄花的花冠，将雄蕊轻轻地点在雌蕊的柱头上，每株保留 1 ~ 2 个果实，摘除多余的花和畸形果。

5）采收管理。短蔓金瓜在授粉后 28 ~ 30 天即可采收。成熟果实的果皮呈黄白色或橘黄色，果皮坚硬。早春大棚金瓜栽培的采收期一般始于 5 月中旬。采收时应用刀割或用剪刀剪，须保留约 5 cm 长的瓜柄。

金瓜耐储藏，选择老熟、无伤口的瓜，采收后晾晒 4 ~ 5 天，使果实后熟和果皮硬化，然后将果实一个个竖排在阴凉、干燥、通风的室内储藏。储藏期间要经常检查，并及时清理病瓜、烂瓜。在管理良好的情况下，金瓜可保存 5 ~ 6 个月，条件适宜的甚至可储藏到春节以后上市。

**4. 早春长蔓金瓜大棚地爬栽培技术**

（1）品种选择。应选择早熟、抗病丰产、品质优良、果形稍大、适宜加工的长蔓品种（如崇明金瓜）。

（2）培育壮苗。大棚长蔓金瓜地爬栽培一般不采用直播，而采用电热温床育苗。育苗前先要配制营养土，营养土湿度要适宜，以用手捏紧成团、坠地松散为宜。将营养土装入营养钵内，再把营养钵紧密摆放在温床上，然后浇足水。待水渗下后把经过浸种或催芽的种子点播在营养钵中，每钵点播 1 粒种子，然后覆土 1.5 ~ 2 cm 厚，盖好地膜，扣好塑料环棚膜。播后要加强温度管理，白天温度保持在 25 ~ 28 ℃，夜间保持在 15 ~ 18 ℃。出苗后，保持温度 22 ~ 25 ℃，并注意通风，防止幼苗遇高温而徒长。在定植前 5 ~ 7 天，要做好揭膜和炼苗工作。

（3）整地作畦。整地前每亩施腐熟有机肥 2 500 ~ 3 000 kg、过磷酸钙 50 kg，深翻后整细耙平，每标准棚种植 2 畦，每畦连沟宽 3 m，同时在定植行旁开一条深 25 cm 的施肥沟。每亩施入 45% 蔬菜专用复合肥 15 kg，施肥后耙平，覆盖好地膜。

（4）定植。当苗龄 28 ~ 30 天、幼苗生长至二叶一心时，即可定植。每畦种一行，株距 38 ~ 40 cm，每亩定植 600 株左右。定植孔宜小些，定植后浇足定植水，用土将定植孔封实，以免高温时膜内热气溢出损伤秧苗叶片，定植浇水后要及时覆盖好环棚膜。

（5）定植后的管理

1）温度控制与肥水管理。可参照“早春短蔓金瓜大棚栽培技术”中的相关内容。

2）植株调整。长蔓金瓜以主蔓结瓜为主，坐果后将侧蔓剪掉，每蔓结瓜2～3个，在末瓜前留4～6叶摘心，使营养集中，促进果实生长。为提高产量，地爬金瓜也可采用侧蔓结瓜，当主蔓长出7～8片叶时摘心打顶，保留健壮的2或3条侧蔓，其余侧蔓均清除掉。同时进行人工定向引蔓，引蔓要与行向垂直，有利于通风透光。另外，生育期间可用土压蔓2～3次，再通过人工引蔓，使秧苗在畦面上均匀分布，以增强植株的光合作用，促进瓜果生长，达到高产目的。

3）人工授粉与采收管理。可参照“早春短蔓金瓜大棚栽培技术”中的相关内容。

# 2.2 金瓜主要病虫害及其防治

## 2.2.1 主要病害

### 1. 白粉病

（1）病害症状（见图2－7）。金瓜白粉病主要为害叶片，也能为害叶柄和茎。幼苗期和成株期均可染病。叶片染病，先从植株下部叶片开始发生，发病初始是在叶面或叶背产生白色粉状小圆斑，后逐渐扩大为不规则形、边缘不明显的白粉状霉层粉斑，白色粉状物即为病菌的分生孢子梗和分生孢子及无色透明的菌丝体。发病严重时，多个粉斑可连接成片，甚至布满整张叶片。发病叶片的细胞和组织被侵染后并不会迅速死亡，将病部粉层抹去，一般只表现为褪绿或变黄。发病中后期白粉状霉层老熟，呈灰色或灰褐色，上有黑色的小粒点，即病菌的闭囊壳。发病末期病叶组织变为黄褐色而枯死。

（2）发生规律。病菌以菌丝体和分生孢子随病株残余组织遗留在田间越冬或越夏，也能以菌丝体和分生孢子在寄主上越夏。在环境条件适宜时，分生孢子通过气流传播或雨水反溅至寄主植物上，从寄主表皮直接侵入，引起初次侵染。经5天左右潜育出现病斑，后经7天左右，在受害的部位产生新生代分生孢子，飞散传播，进行多次再侵染，加重为害。

病菌喜温暖潮湿的环境，适宜发病的温度范围为10～35 ℃；最适发病环境日均温度为20～25 ℃，相对湿度为45%～95%；最适宜感病生育期在成株期至采收期。发病潜育期5～8天。病菌对湿度的适应范围极广，相对湿度25%以上即可萌发。

图 2－7　金瓜白粉病症状

长江中下游地区金瓜白粉病的主要发病盛期在 4—7 月。早春温度偏高的年份发病较重；田块间连作地，附近有发病较重的菌源田，排水不良、作物生长势不佳的地块发病较早较重；种植过密、通风透光差、生长势弱、保护地栽培等往往发病较重；处于采收中后期的田块发病重。

（3）防治措施

1）一般栽培管理。高畦种植，合理密植，以利于通风透光，同时开好排水沟，降低田间湿度，增强植株生长势，提高抗病力。

2）保护地栽培管理。要适当控制浇水量，晴天尽量开棚通风换气，阴天也应适当短时间开棚换气降湿，中午闷棚升温至 35 ℃，可抑制病害发展，防止病害流行。

3）化学防治。在发病初期开始喷药，每隔 7～10 天喷 1 次，连续喷 2～3 次，重病田视病情发展，必要时可增加喷药次数，并注意药剂的交替使用。可选用 50% 嘧菌酯水分散粒剂 1 500～2 000 倍液、250 g/L 吡唑醚菌酯乳油 1 500～2 000 倍液、40% 腈菌唑可湿性粉剂 2 000 倍液、75% 肟菌·戊唑醇水分散剂 3 000 倍液、2 亿孢子/g 木霉菌可湿性粉剂 300 倍液、1% 蛇床子素微乳剂 200 倍液、80% 代森锰锌可湿性粉剂 600～800 倍液、62.25% 腈菌唑·锰锌可湿性粉剂 600～800 倍液等喷雾防治。

**2. 炭疽病**

（1）病害症状（见图 2－8）。金瓜炭疽病主要为害瓜类的叶片、瓜蔓、叶柄和果实，苗期至成株期均可染病。

苗期染病，子叶边缘产生淡褐色稍凹陷病斑，半圆形或椭圆形，外围常具黄褐色晕圈，后期病部长出红褐色至黑褐色点状胶质物，即病菌的分生孢子盘和分生孢子。严重时，病害发展到茎基部，引起缢缩，使植株折倒枯死。

叶片染病，发病初始产生水渍状小点，扩大后病斑呈近圆形或不规则形，淡褐色，边缘红褐色。发生严重时，病斑接连成片，形成不规则形大病斑，病斑长出小黑点，潮湿时叶面生出粉红色黏稠物，干燥时病斑易破裂穿孔。

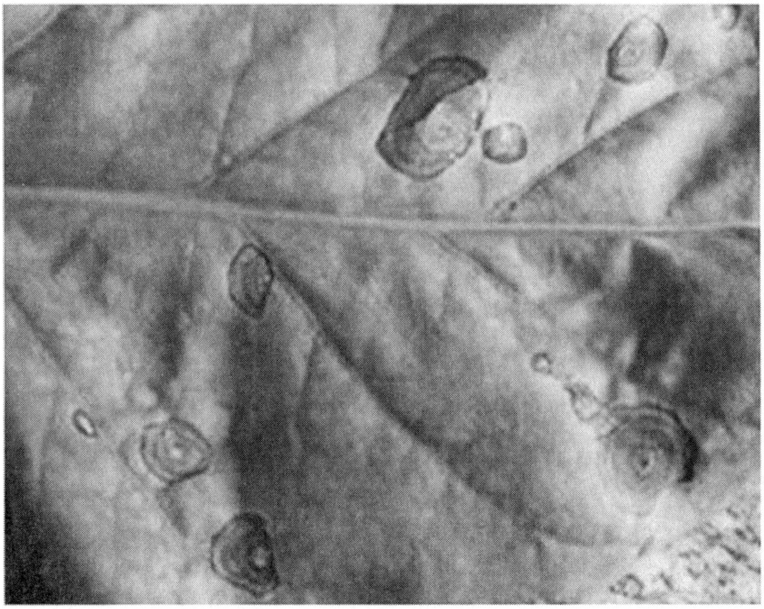

图 2－8　金瓜炭疽病症状

瓜蔓和叶柄染病，产生黄褐色长条形病斑，稍凹陷，发展后病斑环绕茎蔓和叶柄，可造成叶片或植株病部以上枯死，高温高湿时病部表面生出粉红色黏稠物。

果实染病，产生初期呈水渍状、扩大后为黄褐色椭圆形的病斑，稍凹陷，病部长出小黑点，高温高湿时病部表面生出粉红色黏稠物，病部后期开裂。

（2）发生规律。病菌以菌丝体和拟菌核（未发育成的分生孢子盘）随病株残余组织遗留在田间越冬，也可附在种子表面越冬。在环境条件适宜时，病菌产生大量分生孢子，通过雨水反溅或气流传播至寄主植物上，从寄主表皮直接侵入，引起初次侵染。病菌先侵染下部叶片，逐渐向上部叶片发展，经潜育后出现病斑。遇有雨水，在受害部位的分生孢子盘产生新生代分生孢子，随风雨传播，引起多次再侵染。带病种子发芽后病菌直接侵入子叶，引起幼苗发病。金瓜的果实带菌在储藏期易引发炭疽病，储藏期通风条件差的易引起果实发病。

病菌喜温暖高湿的环境，适宜发病的温度范围为 10～30 ℃；最适发病环境日均温度为 22～27 ℃，相对湿度为 95% 以上；最适宜感病生育期为开花坐果期到采收中后期。发病潜育期 5～7 天。孢子在 4～30 ℃间均可萌发，相对湿度低于 54% 则抑制病害发生。

长江中下游地区金瓜炭疽病的主要发病盛期在 5—11 月。早春多雨或梅雨期间闷热多雨、夏天闷热多雨的年份发病重；晚秋温度偏高、多雨的年份发病重。田块间连作地，以及排水不良、地下水位高的田块发病较早较重；种植过密、通风透光差、大水大肥浇施、氮肥施用过多、植株生长不健的田块发病较重。

（3）防治措施

1）留种与种子处理。从无病留种株上采收种子，选用无病种子。引进商品种子在播前要做好种子处理：用 2.5% 咯菌腈悬浮种衣剂（适乐时）消毒包衣，使用剂量为种子重量的 4‰～5‰，包衣后稍经晾干即可播种。

2）茬口轮作。提倡与非葫芦科作物 3 年以上轮作，以减少田间病菌来源。

3）加强栽培管理。深沟高畦、合理密植，并经常疏通四周的沟系，防止雨后积水和降低地下水位。中管棚和大棚棚内科学施肥，浇水施肥要小水少肥勤浇，增加开棚次数通风降湿。

4）清洁田园。发病初期及时摘除病、老叶，收获后及时清除病残体，带出田外深埋或烧毁，深翻土壤，加速病残体的腐烂分解。

5）金瓜收获后，储藏前对果实用 15% 咪鲜胺微乳剂 1 000 倍液处理。

6）化学防治。在发病初期开始喷药，用药间隔期 7～10 天，连续防治 2～3 次，重病田视病情发展，必要时可增加喷药次数。可选用 15% 咪鲜胺微乳剂 1 000～1 500 倍液、250 g/L 吡唑醚菌酯乳油 1 500～2 000 倍液、25% 嘧菌酯悬浮剂 1 000～1 200 倍液、75% 肟菌·戊唑醇水分散剂 3 000 倍液、80% 代森锰锌可湿性粉剂 600～800 倍液、62.25% 腈菌唑·锰锌可湿性粉剂 600～800 倍液、40% 氟啶胺悬浮剂 1 000 倍液等喷雾防治。

**3. 蔓枯病**

（1）病害症状（见图 2－9）。金瓜蔓枯病在苗期和成株期均可发生，主要为害茎蔓和叶片。

茎蔓染病，发生于节部或基部分枝处。初始产生水渍状小斑，扩大后病斑环绕茎蔓，呈灰褐色，稍凹陷，椭圆形或不规则形；后期病斑软腐，呈黑色。田间高湿时，病部溢出琥珀色胶质物，干燥后呈红褐色，缢缩纵裂，病部以上茎蔓枯萎，易折断，病部表面密生黑色小点，即病菌的分生孢子器。

叶片染病，初始在叶缘产生水渍状小点，扩大后病斑呈“V”字形扩展，或产生圆形

图 2－9　金瓜蔓枯病症状

及不规则形病斑，呈黄褐色或淡褐色，具不明显轮纹。后期病部产生黑色小点，易破裂。

（2）发生规律。病菌以分生孢子器或子囊壳随病株残余组织遗留在田间越冬，也可潜伏在种皮上越冬。在环境条件适宜时，病菌产生子囊孢子和分生孢子，通过雨水反溅至寄主植物上，从寄主表皮气孔或伤口侵入，引起初次侵染。带病种子播种发芽后侵入子叶，并在受害部位产生新生代分生孢子，借风雨传播进行多次再侵染。

病菌喜温暖潮湿的环境，适宜发病的温度范围为 15～32 ℃；最适发病环境日均温度为 22～25 ℃，相对湿度为 85% 以上；最适宜感病生育期为结瓜初期。发病潜育期 5～10 天。

长江中下游地区金瓜蔓枯病的主要发病盛期在 5—7 月。入梅早、梅雨期长、雨量多、梅雨期间温度高的年份发病重；高温多雨、田间湿度大、露重的区域发病重；田块间连作地，以及排水不良、种植密度过高、植株生长不健的田块发病较重。

（3）防治措施

1）茬口轮作。重发病田块应与非瓜类作物实行 2～3 年以上轮作，以减少田间病菌来源。

2）留种与种子处理。从无病留种株上采收种子，引进商品种子在播种前用 55 ℃温汤浸种 15 分钟后，立即移入冷水中冷却，晾干播种。干种子也可用 2. 5% 咯菌腈悬浮种衣剂（适乐时）消毒包衣，使用剂量为种子重量的 4‰～5‰，包衣后稍经晾干即可播种。

3）加强田间栽培管理。选高地栽种，合理密植，增施有机肥和磷钾肥。发病后适当控制浇水量，切忌大水漫灌，应开好排水沟系，防止雨后积水引发病害。

4）清洁田园。及时摘除病叶、病果，带出田外深埋或烧毁。收获后及时清除病残体，并耕翻土壤，加速病残体的腐烂分解。

5）化学防治。在发病初期开始喷药，用药间隔期 7～10 天，连续防治 2～3 次，注意药剂交替使用。可选用 25% 嘧菌酯悬浮剂 800～1 000 倍液、18% 戊唑醇微乳剂 1 000～1 500 倍液、40% 氟啶胺悬浮剂 2 000 倍液、80% 烯酰吗啉水分散剂 3 000 倍液、50% 乙烯菌核利可湿性粉剂 800～1 000 倍液、62.25% 腈菌唑·锰锌可湿性粉剂 600～800 倍液、70% 甲基硫菌灵可湿性粉剂 1 000 倍液、80% 代森锰锌可湿性粉剂 600～800 倍液等喷雾防治。

**4. 花叶病毒病**

（1）病害症状（见图 2－10）。花叶病毒病在金瓜的整个生育期都有发生，是全株系统性侵染病害。幼苗期染病，子叶变黄枯萎，真叶表现出叶色深浅相间的花叶症状。成株期染病，症状在新出幼叶上表现最为明显，表现为在新出叶片上出现黄绿相间的花叶症状，叶片成熟后叶小，皱缩，边缘卷曲。染病后在果实上表现为瓜条出现深浅绿色相间的花斑，瓜条生长缓慢甚至停止，果表畸形。发病严重时，植株矮小，茎节间缩短，植株萎蔫。

图 2－10　金瓜花叶病毒病症状

（2）发生规律。花叶病毒主要随多年生宿根植株越冬或随病株残余组织遗留在田间越冬。

花叶病毒主要通过蚜虫和植株间汁液接触及田间农事操作传播至寄主植物上，进行多次再侵染；或通过植株间汁液接触传播至寄主植物上，从寄主伤口侵入，进行多次再侵染；或通过种子、植株间汁液接触及传播媒介昆虫传播。

病毒喜高温干旱的环境，适宜发病的温度范围为 15 ~ 35 ℃；最适发病环境日均温度为 20 ~ 25 ℃，相对湿度为 80%；病症显现期为成株期。发病潜育期 10 ~ 25 天。

长江中下游地区金瓜花叶病毒病的主要发病盛期在 4—6 月。早春温度偏高、少雨，蚜虫、白粉虱、蓟马等传播媒介多发的年份发病重；田块间连作地、周边毒源作物丰富的田块发病较早较重；栽培管理上防治传播媒介害虫不及时、肥水不足、田间管理粗放的田块发病重。

（3）防治措施

1）种子处理。从无病留种株上采收种子，选用无病种子。引进商品种子在播前要做好种子处理，可在播种前先用清水浸种 3 ~ 4 小时，后在 10% 磷酸三钠溶液中浸种 20 分钟，再用清水冲洗尽药液后晾干播种；或用 55 ℃温水浸种 40 分钟后，入冷水中冷却，晾干后催芽播种。

2）加强田间管理。适时播种，合理肥水，培育壮苗。农事操作中，接触过病株的手和农具，应用肥皂水冲洗，吸烟菜农应用肥皂水洗手后再进行农事操作，防止接触传染。

3）田园清洁。及时清理田边杂草，减少病毒来源。

4）及时防治传播媒介。在蚜虫、白粉虱、蓟马发生初期，及时用药防治，防止传播病毒。

5）化学防治。可选用 8% 宁南霉素水剂 300 ~ 400 倍液、20% 吗啉胍 · 乙铜可湿性粉剂 300 ~ 400 倍液、20% 病毒 A 可湿性粉剂 500 ~ 600 倍液等喷雾防治。

在育苗期就要重视病毒病的预防，出苗二叶一心期至五叶一心期是预防侵染感病的关键时期，每隔 7 ~ 10 天用药 1 次，连续喷雾防治 2 ~ 3 次，苗期长的，必要时还要增加喷药次数。定植后田间始见发病后还要连续进行防治 2 ~ 3 次，能减少感染，增强植株抗病性。

**5. 霜霉病**

（1）病害症状（见图 2 - 11）。霜霉病主要为害叶片，也能为害茎，苗期至成株期均可染病。

苗期子叶染病，先在子叶背面产生不规则褪绿枯黄斑，潮湿时叶背病斑上产生灰黑色霉层，随着病情逐步发展，子叶很快变黄干枯。

叶片染病，由下部叶片向上蔓延。发病初期仅在叶片产生水渍状斑点，病斑以清晨高湿棚或田块内明显，上午随湿度下降后，水渍状病斑消失，同常叶。病斑扩大后受叶脉限制呈多角形，叶面病斑褪绿呈淡黄色，叶背呈黄褐色，边缘明显，多个病斑可汇合成小片。潮湿时，叶背病斑部生成紫灰色至黑色霉层，即病菌从气孔伸出成丛的孢囊梗和孢子囊。病情严重时，病斑连接成片，全叶变为黄褐色，干枯、卷缩，除顶保存少量新叶外，全株叶片均发病，田间一片枯黄，但病部不易穿孔、不腐烂。

茎染病，形成不定形褐色病斑，受害部位形成黑色霉层。

图 2－11　金瓜霜霉病症状

（2）发生规律。病菌以在土壤或病株残余组织中的孢子囊及潜伏在种子内的菌丝体越冬或越夏。保护地栽培棚内，孢子囊从寄主表皮直接侵入叶片，引起初次侵染。以后通过气流和雨水反溅传播至保护地或露地金瓜上，进行多次再侵染，加重为害。

病菌喜温暖高湿的环境，适宜发病的温度范围为 10～30 ℃；最适发病环境日均温度为 15～22 ℃，相对湿度为 90%～100%，昼夜温差为 8～10 ℃；最适宜感病生育期为开花至结瓜中后期。

上海地区保护地栽培一般在 3 月中下旬始见病害发生，4 月中下旬至 5 月上旬为发病盛期；露地栽培在 4 月中下旬始见发病，5 月上中旬至 6 月上中旬为发病盛期；秋金瓜则在 8 月中下旬至 10 月下旬为发病盛期。高湿是病害发生的首要条件，一般在昼夜温差大、多雨、雾日多、结露多的年份病害易发生流行，梅雨偏早的年份一般发病早且重。田块间发病都从低洼潮湿处开始，先形成中心病株再扩大蔓延，环境条件适宜时仅需 5～10 天即可蔓延全田。塑料大棚内的发病大多在开花结瓜期发生，先出现在植株下部贴近地面的叶片上，形成中心病株后向四周扩大蔓延。在定植密度过高、氮肥施用过多、浇水施肥时大水大肥、保护地栽培开棚通风较差、植株生长势弱等情况下，病害发生较重。

（3）防治措施

1）选田与精细整地。种植金瓜要选地势高、通风透光、排水性能良好的地块，进行深沟高畦栽培，同时施足底肥，增施磷钾肥，提高植株抗病能力，生长前期适当控制浇水。

2）清理沟系。雨前做好沟系清理，防止雨后积水；雨后修补沟系，降低地下水位和棚内湿度，控制发病环境。在病害盛发期，每 5～10 天进行一次摘除下部老叶、病叶的工作，增加田间通风透光，清洁田园，减少再侵染菌源。

3）加强栽培管理。中管棚及连栋大棚保护地栽培，要坚持适时通风换气，肥水管理采取轻浇勤浇，浇水、施肥应在晴天的上午进行，并及时开棚通风降湿。在阴雨天，只要温度不低于 12 ℃，仍需坚持每天适度通风换气 4 小时以上。每年 4 月 20 日至 5 月 5 日是霜霉病初发期，宜实行夜间开棚。

4）加强田间病情调查。通过调查，掌握病情发生动态。在发现水渍状中心病株后 5～7 天，或大量出现水渍状病斑后 1～2 天，参考叶片的病斑由水渍状发展为多角形、叶背出现霉层，以及未来天气转阴或有重雾、露及下雨等情况发生，即为参考防治适期。

5）化学防治。发病前预防性防治可选用 80% 烯酰吗啉水分散剂 1 000 倍液、7% 可杀得可湿性粉剂 100 倍液、64% 杀毒矾超微可湿性粉剂 1 000 倍液、47% 春雷 · 王铜可湿性粉剂 1 000 倍液等交替喷雾防治。

在发病初期治疗性防治药剂可选用 72% 克露可湿性粉剂 1 000 倍液、69% 安克锰锌可湿性粉剂 1 000 倍液、68.75 g/L 氟吡菌胺 · 霜霉威盐酸盐悬浮剂 1 000～1 500 倍液、58% 雷多米尔锰锌可湿性粉剂 1 000 倍液等喷雾。在病害始见后 3～5 天用药，用药间隔期 7～10 天，连续用药 3～5 次。重病田视病情发展，必要时还可适当增加喷药次数。

### 2.2.2 主要虫害

**1. 烟粉虱**

（1）发生与为害。烟粉虱属同翅目粉虱科，主要通过成虫和若虫刺吸植物汁液，使受害叶片褪绿、萎蔫或枯死。烟粉虱繁殖适温为 18～21 ℃，不同温度下的发育历期：18 ℃需要 31.5 天，24 ℃需要 24.7 天，27 ℃需要 22.8 天。各虫态发育历期：24 ℃卵期 7 天，一龄 5 天，二龄 2 天，三龄 3 天，伪蛹 8 天。在温室生产条件下约 1 个月完成一代。成虫羽化后 1～3 天交配产卵，平均每头雌虫产卵 142.5 粒。成虫有趋嫩性，在寄主植物打顶以前，成虫随植株生长不断追逐顶部嫩叶产卵。因此，各虫态在作物上自上而下的分布为：成虫、新产绿卵、变黑卵、初龄若虫、老龄若虫、伪蛹、新羽化成虫。卵以卵柄从气孔插入叶片组织中与寄主植物保持水分平衡、不易脱落。若虫孵化后3天内在叶背可进行短距离游走，当口器插入叶组织后则寄生宿主，如图2－12所示。烟粉虱可通过风口随季节气温变化作近距离往返迁移。冬季在温室作物上繁殖为害，春季通过温室通风或菜苗进入露地，深秋少量成虫经风口飞回温室。种群数量由春至秋持续发展，夏季高温多雨抑制作用不明显，秋季达数量高峰，春末夏初即形成为害高峰。成虫对黄色有强烈趋性，可据此进行诱集防治。在上海地区烟粉虱可以在大棚内越冬，也可以在露地通过成虫或伪蛹在背风向阳处的寄主上安全越冬。

图2－12　烟粉虱

（2）防治措施

1）收获后彻底清理田间杂草和植株残体，集中高温发酵处理，减少田间虫源。

2）合理布局，实行与非喜食寄主蔬菜轮作，避免与茄果类、瓜豆类、十字花科叶菜类相互混栽套种。

3）培育无虫苗，实行无虫苗定植。

4）采用挂黄板诱杀或架黄盆诱杀。在烟粉虱发生初期，将黄板套上塑料膜，外涂机油或黏虫胶，挂在棚室内诱杀成虫并定期更换塑料膜和涂黏虫胶；也可用黄盆盛清水，内放定量洗衣粉，放置在田间，高度略低于植株生长点，诱杀成虫，注意定期清除表面漂浮的成虫。

5）化学防治。烟粉虱世代重叠，各种虫态同时存在，目前尚无兼杀的药剂。一种药剂防治需连续使用几次，并根据各虫态垂直分布规律重点针对相应虫态，以确保防治效果。可选用10%呋啶虫胺水剂3 000倍液、25%噻虫嗪水分散粒剂3 000倍液、40%啶虫脒水分散粒剂2 000倍液、5%柠檬烯可溶液剂300倍液、22.4%螺虫乙酯悬浮剂3 000倍液、3.4%甲氨基阿维菌素苯甲酸盐微乳剂3 000倍液等喷雾防治，也可采用烟雾机施药防治。

**2. 蚜虫**

（1）发生与为害。蚜虫属同翅目蚜科，在长江流域地区年发生20～30代，世代重叠严重。

有翅蚜对黄色有较强的趋性，对银灰色有忌避习性，且具有较强的迁飞和扩散能力。在上海、江苏、浙江地区，十字花科蔬菜上的蚜虫年发生呈春、秋双峰型，分别出现在5—6月和10—11月，隆冬低温季节和盛夏高温季节数量都较少。由于桃蚜较萝卜蚜耐低温，而萝卜蚜较桃蚜耐高温，故每年12月下旬至翌年5月田间发生的菜蚜优势种主要是桃蚜。

成蚜和若蚜在瓜叶上刺吸汁液，可造成叶片卷缩变形、植株生长不良和萎缩，严重时全株枯死；蚜虫的分泌物蜜露还影响作物的光合作用，引发煤污病，污染蔬菜，还可传播多种病毒病。

（2）防治措施

1）物理防治。苗床四周铺17 cm宽的银灰色薄膜，苗床上方每隔60～100 cm拉3～6 cm宽的银灰色薄膜网格，避蚜防传病毒效果好。夏季可不种或少种十字花科蔬菜，以切断或减少秋菜的蚜源和毒源。

2）农业防治。有条件的地区，在菜田内间作玉米等高秆作物，阻挡蚜虫的迁飞扩散。

3）化学防治。在田间蚜虫点片发生阶段要重视早期防治，连续用药2～3次。可选用的药剂有0.5%苦参碱水剂300倍液、22.4%螺虫乙酯悬浮剂3 000倍液、25%噻虫嗪水分散粒剂3 000倍液、5%柠檬烯可溶液剂300倍液等喷雾防治。

**3. 美洲斑潜蝇**

（1）发生与为害。美洲斑潜蝇属双翅目潜蝇科，上海地区年发生9～11代，保护地内可周年发生，世代重叠现象严重。成虫、幼虫均可为害，成虫雌虫可飞翔，用产卵器刺伤叶片，取食汁液；雄虫不刺伤叶片，取食雌虫刺伤处的汁液。卵孵化后，幼虫潜叶为害植物叶片，造成蛇形不规则的白色虫道，破坏叶绿素，影响光合作用，如图2－13所示。受害严重时，被害叶片可脱落。幼苗被害，可显著延迟生育进程。幼虫老熟后爬出潜叶虫道，在叶片上或土缝中化蛹，蛹易被风吹落于地表缝隙。在地膜栽培时，可在地膜上收集到较多的蛹，在蔬菜采收过程中，蛹很容易随包装进行远距离传播。

图 2－13　美洲斑潜蝇为害情况

（2）防治措施

1）综合防治途径

①培育无虫苗，防止秧苗带虫移植。

②早春利用覆盖材料、无纺布或塑料大中棚栽培，在棚开口处挂防虫网、保护帘，阻隔美洲斑潜蝇为害作物。

③秋季种植易受害作物时，覆盖银灰色地膜驱避害虫。

④5—9 月间，大中棚作物换茬时尽可能利用晴天关棚 1～2 天进行高温灭虫，阴天闷棚 5 天以上，杀灭残株中的害虫。

⑤科学抗旱，在化蛹高峰期可利用大水漫灌抗旱灭蛹。

⑥清除田间寄主杂草，作物收获后及时处理残株并深耕，杀灭虫蛹，减少田间虫源。

⑦利用品种抗病性，在盛发期回避种植一些受害的作物种类，并利用部分作物的抗虫基因，通过杂交组合基因转移，使易受害的作物减轻受害程度。

2）化学防治

①防治适期。在成虫羽化始盛期开始防治，每间隔 5～7 天防治 1 次，共防治 2～3 次。

②防治对策。上半年 1～3 代只需在防治蚜虫时兼治，下半年第 5 代防治 1 次，第 6～8 代每代防治 2～3 次。

③用药最佳时机。选择在晴天早上露水干后至午后 2 时前的成虫活动盛期，针对植株

中下部用药。

④精选适用农药，科学合理地交替使用。可选用3.4%甲氨基阿维菌素苯甲酸盐微乳剂3 000倍液、60%灭蝇胺水分散剂2 000倍液、75%灭蝇胺可湿性粉剂3 000倍液等交替喷雾防治。

**4. 红蜘蛛**

（1）发生与为害。红蜘蛛属蛛形纲前气门目叶螨科，在上海地区年发生20代以上，以两性生殖为主，雌螨也能孤雌生殖，世代重叠现象严重。

红蜘蛛成虫和若虫会在叶背面以刺吸式口器吸食汁液，形成淡黄色斑点，并结成丝网，导致叶片渐渐失绿枯黄，影响光合作用，受害植株不能授粉，严重时会导致整株死亡。

（2）防治措施

1）农业防治。利用播前空闲时间进行深耕灌水灭虫。

2）生物防治。结合积肥和环境卫生工作，清除路边、沟边、田边、房前屋后等地中的杂草，减少越冬虫口基数。

3）田间管理。加强栽培管理，及时松土，合理灌溉和施肥，促使植株健壮，增强抗虫害能力。

4）勤查虫情，掌握防治技巧。对早发生虫情的田块应及时防治，压低早期虫口密度，特别要注意中棚栽培作物的早期防治。为控制虫口基数，在入梅前注意分析梅雨期的天气预报。在虫情早发年，必须抓好入梅前的压基数防治；在出梅早的年份，抓好出梅后的压基数防治。

5）化学防治。在虫害始发至盛发期内根据虫情，连续用药防治2～3次，防治间隔期5～7天，重点喷植株中下部叶背面，喷药要均匀无遗漏。防效较好的农药有43%联苯肼酯悬浮剂3 000倍液、22.4%螺虫乙酯悬浮剂3 000倍液、0.5%藜芦碱可溶液剂300倍液等，可交替施用防治。

## 2.3 金瓜良种繁育技术

### 2.3.1 品种提纯与复壮

提纯是指将已发生混杂的品种种子，采用一定的选择方法，按品种原有的典型性状加以选择、去劣，从而提高品种纯度。复壮是指通过异地繁殖、品种内交配、人工辅助混合授粉及选择等措施，使生活力和抗逆性衰退的品种得以快速恢复生活力和抗逆性的做法。

**1. 提纯复壮方法**

金瓜品种提纯复壮主要采用选择法。当混杂退化（特别是混杂）严重时，可采用多次单株选择法（系谱选择法）和双系选择法；在一般情况下，可采用母系选择法或改良单株选择法。

（1）多次单株选择法。从原始群体中选出具有本品种典型性状的若干优良单株，分别编号，分别采种，下一代分别播种在不同的小区内，每个小区内种植的植株是一个单株的后代，称为株系，从中鉴定选出优良的株系。如果株系间和株系内株间差异较大，则应再从优良株系内选出优良单株，直至性状和一致性符合要求为止。金瓜等作物用此法时，必须进行人工授粉自交。

（2）双系选择法。双株成对授粉，即从入选的优良单株中进一步选出性状更为相似的单株，成对异交，异对间隔离，分株收种，分株播种，选出优良母系株。根据情况进行一代或多代选择。

（3）母系选择法。从原始群体中选出典型、优良的单株，至翌年采种时进行株间混合授粉，但按单株分别收种和分别播种。

（4）改良单株选择法。这是将单株选择法和混合选择法（从原始群体中选出优良单株，混合采种，混合播种）结合应用的一种方法，即进行几代单株选择，再进行一代或多代混合选择。

**2. 生活力及抗逆性降低，退化严重时的措施**

（1）利用不同地区来源的种子或同一地区不同采种年份的种子，或用同一年份不同栽培条件下采收的种子进行品种内交配。

（2）株间授粉，即利用株间差异增加异质性，提高生活力。对于异花授粉蔬菜进行人工辅助授粉可使母体接受足量的花粉，以满足受精的选择要求，从而有利于增加生活力。

（3）选用种株最佳部位产生的种子和千粒重大的优质种子繁殖。

（4）从原选育单位重新引进同一品种未退化的种子。

采用提纯复壮的措施以恢复品种种性虽具有实用性，但也存在局限性，因为不是所有退化的品种都可以通过自身的提纯复壮而得到恢复。因此，在金瓜种子生产过程中要注意采取以防为主的措施，延长品种的使用年限，同时要不断培育出新品种，以更换有缺陷的品种。

### 2.3.2 常规制种技术

目前，我国金瓜生产中采用常规品种较普遍。金瓜的采用种要注意抓好提纯复壮的工作，防止品种的退化和混杂。

**1. 选留原种**

选择是提高品种种性的重要方法。一般在播种前，首先应鉴定原种的纯度和质量，至少从外观上进行 1 次粒选，将不符合本品种种子特征的和霉变、虫蛀、发育不良的种子及混入的其他植物种子剔除干净。在大面积生产田或制种田中，要选择生长健壮、符合品种特性的植株，用人工隔离和授粉的方法选留原种。

在植株开花结果初期，应进行田间巡视，将株形、叶片以及坐果节位不符合本品种特征的植株及时拔除。要选择具有本品种特性、生长健壮、抗病力强的植株作种株，种株以节间短、雌花多、坐瓜早、雌花子房端正的为佳。对于入选的种株要做明显标志，可插上竹竿或挂上标牌。

在开花时进行人工辅助授粉，其方法是选择主蔓第 2、第 3 朵雌花，在开花的前 1 天，用夹子夹住花蕾的花冠，或用细铁丝捆住花冠，同时应将未开的雄花花蕾夹住，翌日清晨进行人工授粉。授粉时将雌花花冠剪短，然后取异株上的雄花除去花瓣，将雄蕊上的花粉均匀地涂抹在雌花的柱头上。授粉后，雌花花冠仍需夹住或捆住，花柄处挂小塑料牌做记号。授粉 2～3 天后，如子房膨大，即表明授粉成功。每个入选的种株可授粉 2～4 个瓜，对于非人工授粉而属自然授粉的瓜要及早摘除。

到了果实膨大盛期要进一步根据植株形态表现及病害发生情况，再次挑选具有本品种特性的瓜留种，淘汰不符合本品种特性的种株。对表现特别好的单株，应单采单收，留作优种；其余的混收，作为生产用种或作为翌年繁殖的种子。采收成熟种瓜和掏种时，还要进行第 3 次选择，即老熟种瓜采后留置后熟时，要根据瓜的表面特征、种皮颜色、棱纹深浅进行选择淘汰。掏籽前，切开果实进行观察，选取瓜肉厚、瓜丝脆的果实留种，严格淘汰劣瓜，以保证原种的质量和纯度。

**2. 隔离**

金瓜是雌雄异花同株的虫媒花作物，蜜蜂等昆虫是传花授粉的媒介，所以要注意品种间的隔离，隔离距离应在 1 000 m 以上。同时还要注意金瓜和西葫芦（美洲南瓜）之间的隔离。因为金瓜是美洲南瓜的一个变种，两者杂交结果率很高，所以，它们之间的隔离距离也应在 1 000 m 以上。

**3. 留瓜**

采种田的金瓜开花前和开花初期要进行必要的去杂去劣，在适当的位置选留种瓜。主蔓上第 1 雌花结的瓜一般不做种瓜，开花前即应摘除；第 2 雌花以后结的瓜留做种瓜，一般以第 2 个瓜留做种瓜为好。种瓜留得太多，种子质量差。在嫩瓜和老熟瓜发育的不同阶段，要根据瓜形、皮色、棱纹深浅、植株生长表现等进行选择，淘汰病瓜、畸形瓜以及不符合本品种特征的瓜。

**4. 人工辅助授粉**

金瓜是雌雄异花授粉的植物，依靠蜜蜂等昆虫授粉结果。在自然授粉的情况下，异株授粉结果率占65%，本株自交授粉的结果率占35%。从人工授粉和自然授粉的效果看，人工授粉的结果率高，而自然授粉的结果率相对较低，所以人工授粉对提高金瓜的结果率极为有利。特别是在南方栽培金瓜，开花时常遇低温、阴雨的天气，湿度大、光照少、温度低，往往影响金瓜授粉与结瓜，造成僵蕾、僵瓜或化瓜。所以，采用人工授粉的方法，可以防止落花，提高结果率。

人工授粉的具体做法：人工授粉要选择晴天上午8时以前进行（一般金瓜花在凌晨开放，早晨4—6时授粉最好），选当天开的雌花和雄花，把不同株的雄花花粉轻轻地涂抹到雌花柱头上。

**5. 后熟**

从雌花授粉到种瓜生理成熟需45天左右。采收种瓜时要根据瓜的表面特征，如颜色、棱纹、大小等表现进行选留或淘汰。种瓜采收后，一般不立即剖瓜掏籽，因为此时种子还不十分饱满，发芽率低，须存放15～20天进行后熟处理，再剖瓜取籽，这样既可提高种子的质量，又可提高发芽率。采收不同成熟度的种瓜，经10～30天的后熟时间试验，结果表明：采摘成熟期果实，若储藏10～30天，随着储藏时间的增加，种子的千粒重、发芽率均有不同程度提高；继续储藏，种子千粒重虽略有降低，但种子的发芽率、发芽势仍有提高；但储藏时间也不宜过长，以免种子在果实中发芽，造成损失。

**6. 掏种**

金瓜种子经后熟处理后，宜选择晴天挖取种子。掏籽时，切开果实进行观察，选取瓜肉厚、瓜丝脆的瓜采种，严格淘汰劣瓜。选好种瓜后，将其剖开，取出种子及时用清水洗净，在淘洗时应除去浮籽、秕籽、畸形籽，保留饱满的种子。淘洗时应注意，淘洗得越干净，种子越容易干燥，干净的种子在储藏过程中不易吸湿和霉变。种子淘洗干净后，不能直接在水泥地面上晾晒，应在晒场上摊尼龙纱、防虫网、篾席，铺上种子晾晒。当种子含水量在8%时收藏，以后再复晒1次。种子也不能晒得过干，若种子含水量在5%以下，将降低种子生命力。种子晒干后要存放在干燥的地方。在农村条件较差的地方，可将种子放入干净无污染的塑料桶中，桶底用生石灰包好垫好，再将桶口封严；也可将种子放于口袋中，放在用木板垫起的凉爽干燥的地方。种子要注意保管，防止虫蛀、鼠害和受潮变质。

# 2.4 金瓜采收及储藏技术

## 2.4.1 采收

生长期管理和采收操作是否科学合理、采收质量的高低，将直接影响采后金瓜的品质、储藏期限等。用于储藏的金瓜，应在生长期前期多施有机肥，生长期间多施磷、钾肥，在生长后期控制浇水，加强对炭疽病、白粉病等病害的防治。金瓜以食用老熟瓜为主，采收期主要取决于其成熟度，一般在落花后 30～35 天方可采收。采收前 10 天内停止浇水。采收应在连续晴天的早晨进行，选择表皮较厚而硬、瓜皮色泽由青白色转为黄色的老熟瓜为好，用剪刀剪留 3～5 cm 的果梗。采收时应注意轻采轻放，防止金瓜因机械损伤而腐烂。

## 2.4.2 储藏前处理

**1. 搬运**

在搬运、装卸等环节中，必须坚持轻搬、轻装、轻运、轻卸，否则容易造成损伤，不利于储藏。

**2. 储藏场所的选择**

储存金瓜的场所，应选择阴凉、通风、干燥的地方。储藏地选好后，要用生石灰进行消毒。

**3. 晾晒**

将采收的金瓜在 24～27 ℃下放置 2 周或在太阳下晾晒 4～5 天。

## 2.4.3 储藏

在储藏室内用木、竹或角铁搭成分层储藏架，架高 40～45 cm，铺上芦帘，将瓜的果柄向上按一定次序排列，如图 2－14 所示，这样有利于观测、检查储藏期间果实情况。

## 2.4.4 储藏期管理

金瓜储藏期的长短与温度、湿度和储藏条件有密切的关系。一般储藏金瓜的适宜温度为 10～15 ℃，相对湿度为 50%～70%。储藏期应保持适宜的环境温度、湿度。在储藏前

图 2－14　金瓜储藏

期外界气温较高时，要在晴天的早、晚打开门窗通风换气，中午前后密闭门窗，避免阳光直接照射，保持室内空气新鲜、干燥、凉爽；储藏后期外界气温较低时，要关闭门窗，并覆盖草帘保暖防寒，保持室温 0 ℃以上。储藏期间还要经常检查，发现有病斑的瓜应及时剔除，防止病害传染蔓延。储藏前若用杀菌剂进行浸瓜或涂膜处理，防腐保鲜效果更佳。

### 2.4.5　储藏期病害及其控制

**1. 导致金瓜储藏期间腐烂的主要病害**

（1）湿腐病。由茄病镰刀菌引起。发病初期出现水渍状圆形至不规则形、直径 10 mm 左右的病斑，以后逐步扩大至整个果实，并软腐伴有液体流出，后期病果表面产生本白色的分生孢子堆。

（2）炭疽病。由瓜类炭疽病菌引起。发病初期病斑呈浅棕色，圆形或近圆形，以后逐渐扩大，其直径通常为 5～50 mm，严重时，病斑可扩大至整个果实。发病后期在病斑上形成黑褐色同心轮纹状分生孢子座，并于其上产生砖红色分生孢子堆。

（3）红腐病。病原菌主要由串珠镰刀菌和锐顶镰刀菌组成。发病初期病斑呈水渍状，圆形或不规则形，以后扩大至整个果实，并伴有白色绒毛状菌丝或砖红色分生孢子堆出现。

（4）青霉病。由青霉菌引起。初呈灰色水渍状斑，直径 10 mm 左右，以后扩大至直径近 50 mm 并出现灰褐色分生孢子。

以上几种病原菌均可引起金瓜果实腐烂，致病性强弱依次为茄病镰刀菌 > 炭疽病菌 >

红腐病菌 > 青霉菌，其中茄病镰刀菌表现出极强的致病性，可造成果实在短期内迅速腐烂。长江流域地区金瓜通常在 7 月份采收，一般在采收后一周即可发病，8—9 月份是金瓜储藏期病害的发病高峰期。10 月份以后，气温明显降低，空气湿度大大降低，因此病害逐渐减少。

**2. 储藏期病害的控制**

金瓜储藏期病害的控制应以“预防为主，综合防治”为原则，对于炭疽病这种生长和储藏期都可发生的病害，采收前进行防治可明显减少病原菌的潜伏侵染，并能减少储藏期间的病害发生。

（1）农业防治。农业防治是最经济、最基本的防治方法。对于金瓜储藏期病害，采用抗病品种，实施水旱轮作、合理密植和整枝、控制肥水、适时采收等措施，可以有效地减少储藏期如金瓜炭疽病等病害的发生，在一定程度上降低储藏期间的腐损。

（2）物理防治

1）储藏前将金瓜在太阳下晾晒 4 ~5 天，一方面能使金瓜在采收、搬运过程中出现的各种伤口迅速木栓化，另一方面，还能使金瓜表皮组织硬化，抵抗病原菌的入侵。

2）加强金瓜储藏期的管理，经常通风换气，降低储藏室环境的温度和湿度，抑制病原微生物的生长繁殖，可获得更好的储藏保鲜效果。

3）对在储藏期间发生的病果应及时清理，并用石灰进行封杀。

3

# 第3章

## 花椰菜

花椰菜亦称花菜、菜花，为十字花科芸薹属甘蓝种的一个变种，由甘蓝演变而来，是甘蓝类蔬菜中最重要的一个品种。花椰菜起源于地中海东部的克里特岛，13—14 世纪由法国和意大利培育成为栽培种，19 世纪中叶由英国传入我国，在上海地区已有近百年的栽培历史。目前世界上有 80 多个国家种植花椰菜，种植面积达 80 多万公顷，我国花椰菜的总面积在 36 万公顷左右，位居世界第一，主要分布于福建、浙江、上海、广东、台湾、江西、四川、云南等地。花椰菜可食用部分是花球，其营养丰富，风味鲜美，粗纤维少。现代医学发现，花椰菜富含多种吲哚类衍生物，有分解致癌物质的能力，对防治癌症具有良好的效果。花椰菜可炒食、做汤，也可制作饮料，还可加工成速冻菜、脱水菜和冻干菜。崇明是中国的花椰菜之乡，具有近百年种植花椰菜的历史，培育了具有崇明特色的常规花椰菜品种和杂交一代花椰菜品种。花椰菜在崇明种植面积最高曾达 6 000 多公顷，目前种植面积在 4 000 公顷左右，是崇明露地蔬菜的主栽品种，产品主要销往北方、东北地区，在全国各地都有影响力。

## 3.1　花椰菜栽培技术

### 3.1.1　主栽品种

**1. 常规品种**

花椰菜因其产量高、耐寒性强的特点，受到崇明地区很多生产者的欢迎。在花椰菜品种选择上，生产者主要选择秋冬栽培型，其中 60% 的种子来源于崇明本地提纯复壮品种，10% 的种子来源于崇明花菜研发中心提供的崇花系列杂交品种。

（1）早慢种。系上海市优良地方早熟品种。株高 90 cm，株幅 90 cm，外叶较多，叶呈长椭圆形，叶长 60 cm 左右，叶宽 20 cm 左右，叶缘波状，叶面微皱，蜡质较多，叶脉绿白色。花球呈半球形，直径 20 cm 左右，花粒较粗，单球重 1.2 ~ 1.5 kg，亩产 1 000 ~ 1 500 kg。6 月下旬播种，6 月中旬定植，12 月中旬至次年 2 月中旬采收。亩栽 1 200 ~ 1 300 株。

（2）早旺心种。系上海市优良地方中熟品种。株高 80 cm，株幅 90 cm，外叶较多，叶呈长椭圆形，叶长 55 ~ 60 cm，叶宽 20 ~ 23 cm，叶缘波状，叶面微皱，蜡质较多，叶色深绿色，叶脉绿白色。花球直径 16 ~ 20 cm，球高 13 ~ 15 cm，花粒较粗，单球重 1.0 ~ 1.2 kg，亩产 1 000 ~ 1 250 kg。7 月上旬播种，8 月下旬定植，次年 2 月下旬至 3 月中旬采收。亩栽 1 400 ~ 1 600 株。

（3）晚旺心种。系上海市优良地方中熟品种。株高 60 cm，株幅 75 cm，有明显叶柄，叶面较皱，蜡质较多，叶色深绿色。花球直径 16 ~ 18 cm，球高 13 ~ 15 cm，花粒较粗，单球重 0.9 ~ 1.1 kg，亩产 1 100 ~ 1 300 kg。7 月上旬播种，9 月上旬定植，次年 3 月上旬至 4 月上旬采收。亩栽 1 600 ~ 1 800 株。

（4）慢慢种。系上海市优良地方晚熟品种。抗寒能力强，株高 70 cm，株幅 60 cm，叶呈长椭圆形，叶长 45 ~ 50 cm，叶宽 18 ~ 22 cm，花球直径 15 ~ 17 cm，球高 13 ~ 15 cm，单球重 0.5 ~ 0.75 kg，亩产 750 ~ 1 100 kg。7 月中旬播种，9 月中下旬定植，次年 4 月上旬至 5 月上旬采收。亩栽 1 800 ~ 2 200 株。

**2. 杂交一代品种**

（1）崇花 2 号。系上海崇明花菜研发中心选育的杂交一代中熟品种。该品种生长势强，株型直立、紧凑，株高 70 ~ 75 cm。外叶绿色，蜡质中等，叶柄较短，节间紧密，内叶合抱护球。如图 3 – 1 所示，花球洁白、紧实，呈半高球形，球高 14 cm 左右，直径 20 cm 左右，单球重 1.8 ~ 2.1 kg，亩产 2 300 ~ 2 700 kg。播种期在 7 月中下旬，定植期在 8 月中下旬，采收期在 12 月下旬至次年 2 月中旬。亩栽 1 500 ~ 1 700 株。

图 3 – 1　崇花 2 号

（2）银冠。系上海长征蔬菜种子公司选育的杂交一代早熟品种。该品种株形直立，株高 65 cm，开展度 65 ~ 68 cm，叶呈宽披针形，最大叶长 55 ~ 60 cm，叶宽 22 ~ 25 cm，叶色深绿，叶脉扁平清晰，叶缘细锯齿形，叶面平滑，蜡质较厚。花球呈半球形，球高 11 ~ 13 cm，球径 15 ~ 17 cm，球面洁白、无毛花、紧实，肉质细致，单球重 0.8 ~ 1.2 kg，耐寒性强，抗黑腐病，亩产 1 300 ~ 1 500 kg。7 月上旬播种育苗，8 月上旬定植，10 月中旬开始采收。亩栽 2 000 ~ 2 200 株。

（3）崇花 5 号。系上海崇明花菜研发中心培育的杂交一代晚熟品种。株高 80 cm，开展度 95 cm 左右，最大叶长 76 cm，叶宽 26 cm，植株生长势强。花球雪白、紧实、高半圆形，叶浅绿色，长椭圆形，蜡质重，叶柄短，节间紧密，株型半直立，内叶内扣护球，如图 3 - 2 所示。耐寒性特强，可耐短期 - 8 ℃低温。商品性好，单球重 1.2 ~ 1.5 kg，平均亩产 2 000 ~ 2 500 kg。7 月上中旬播种育苗，8 月中下旬定植，12 月中旬至次年 2 月采收。亩栽 2 000 ~ 2 200 株。

图 3 - 2　崇花 5 号

（4）心怡杂交 100 天。系上海崇明花菜研发中心育成的杂交一代中熟品种。该品种株高 65 ~ 70 cm，开展度 70 ~ 75 cm。叶深绿色，叶呈长椭圆形，最大叶长 55 ~ 60 cm，叶面蜡质中等，叶柄短，节间紧密，心叶扭卷护球。如图 3 - 3 所示，花球高圆形，呈三叠，紧密洁白，商品性佳，单球重 1.5 kg 左右，最大球重 3 kg 以上，亩产 2 200 kg 以上。

（5）心怡杂交 120 天。系上海崇明花菜研发中心育成的杂交一代中熟品种。该品种株高 50 cm，开展度 60 ~ 70 cm。叶深绿色，叶呈长椭圆形，最大叶长 48 ~ 55 cm，叶面蜡质中等，叶柄短，节间特别紧密，心叶护球。花球半圆形，呈三叠，紧密洁白，商品性好，单球重 1 kg 左右，最大球重 2.5 kg 以上，亩产 2 000 kg 以上。

（6）崇花 6 号。该品种是以常规 180 天经航天诱导种子基因突变形成的亲本作父本，崇明本地常规 120 天品种作母本选配培育而成的晚熟品种。从定植到花球始期在 160 天左

图 3－3　心怡杂交 100 天

右。植株生长势强，耐逆性好，抗病能力强，株型较大，平均株高 63 cm，开展度 85～90 cm，叶片半直立呈 30°～60°，最大叶长 65 cm 以上，叶宽 30 cm 左右，外叶为深绿色，叶形为阔椭圆形，叶片蜡质中等，内叶内扣护花，如图 3－4 所示。花球纵切面呈椭圆形，球高 15 cm，球径 16 cm 左右，球面平、球色白、球质细，花球紧实，大小均匀，口感、风味、品质优良，单球重 1.5～2.2 kg。田间表现整齐度高，高抗黑腐病和菌核病，耐寒性强，能耐短期 －7 ℃的低温，对外界不良环境适应能力强，在春季温度多变、波动大的条件下，不易产生毛花、红花，商品性好，亩产 3 000～3 500 kg。

图 3－4　崇花 6 号

（7）申花3号。系上海浦东新区选配培育的杂交一代中熟品种。该品种株高90 cm，株幅100 cm。外叶较多，叶呈长椭圆形，最大叶长66～70 cm，叶宽24～26 cm，叶面蜡质较多。花球呈半球形，球径21～23 cm，球高15～17 cm，单球重1.5～2.0 kg，花球洁白紧实，不易松散，亩产1 200～1 750 kg。生长势强，耐涝，较抗黑腐病和霜霉病。6月下旬播种，8月上旬定植，11月中旬至12月下旬采收。亩栽1 200～1 300株。

（8）申花5号。系上海浦东新区选配培育的杂交一代晚熟品种。该品种生长势旺，较抗黑腐病和霜霉病。株高65 cm，株幅100 cm。叶片呈长椭圆形，叶缘略有波纹状，叶脉较粗，叶面蜡质较重，最大叶长66～70 cm，叶宽32～34 cm。花球呈半球形，球径21～23 cm，球高15～17 cm，单球重1.5～2.0 kg，花球洁白紧实、圆整，不易松散，亩产1 800～2 200 kg。7月中旬播种，9月上旬定植，次年2月下旬至3月中旬采收。亩栽1 500～1 600株。

（9）申花6号。系上海浦东新区选配培育的杂交一代早中熟品种。该品种株高60 cm，株幅90 cm。叶呈长椭圆形，叶面蜡质较厚。如图3－5所示，花球呈半球形，球径21～23 cm，球高15～17 cm，单球重0.8～1.5 kg，花球洁白紧实，不易松散，亩产1 500～2 000 kg。生长势强，耐涝，抗黑腐病和霜霉病。6月25—30日播种，8月上旬定植，10月中旬至下旬采收。亩栽1 200～1 500株。

图3－5　申花6号

### 3.1.2　栽培技术

**1. 直播育苗**

（1）苗床地的选择和整理。苗地应选择地势高、排灌方便、土质疏松、富含有机质、地下害虫少的地块。整理前对地块进行深翻、晒白，亩施腐熟有机肥 1 000 ~ 1 500 kg，土肥混合均匀，并把土碾细、整平，再作苗床。播种前一天浇足底水，使苗床中的水处于饱和状态。第二天播种前确保苗床有充足的水分，再进行播种。直播种子的播种量一般确定为每平方米 2 ~ 3 g，均匀地撒播在整个畦面，然后上覆 0.5 cm 厚的细土，在苗床的上方搭一个高 50 ~ 70 cm 的遮阴棚，上覆遮阳网。高温期间播种时间应选择在傍晚进行，阴天可全天播种。播种时必须做到均匀撒播，在确保畦面湿润的情况下，2 天后即可出苗。

花椰菜露地育苗如图 3 – 6 所示。

图 3 – 6　花椰菜露地育苗

（2）分苗（假植）。花椰菜育苗正处于高温季节，幼苗不宜直接移植大田，须经假植促进幼苗根系生长，增强抵抗力。一般在苗龄 20 ~ 25 天、有 2 ~ 3 叶真叶时可起苗假植，早熟品种可适当提前 2 ~ 3 天。

假植苗地要精细，起苗前一天晚上及当天早晨对小苗苗床进行浇水，做到带肥、带药和带土假植。假植时间一般在每天下午 3 时以后，起苗时尽量多带一些泥土，可减少起苗伤根和减少假植后的缓苗期。假植沟应在当天上午开好，并浇透水。假植后培土压根，再喷施轻水。

花椰菜假植育苗如图 3 – 7 所示。假植苗地应遮阴保苗，棚架高度为 60 ~ 70 cm，一般遮阴三天即可成活。在大雨来临前做好覆盖避雨，晴天时要早晚浇水。假植苗龄一般在 15 ~ 20 天，有 4 ~ 5 片真叶时即可起苗定植大田。定植时应看天、看地、看苗，阴天或小雨天定植为最适宜，晴天应在傍晚进行。

（3）苗期管理。出苗前要做好保温管理，白天温度保持在 20 ~ 28 ℃，夜间温度保持

图 3－7　花椰菜假植育苗

在 18～22 ℃。幼苗出齐后，为防止畦面龟裂，应及时覆一次 0.3～0.5 cm 厚度的细土。当幼苗子叶充分展开后应进行间苗。当苗全部出齐后，为防止幼苗徒长，要做好温度管理，白天温度控制在 18～28 ℃，夜间温度控制在 15 ℃左右。此外，为防止形成高脚苗，要做好通风降温。

（4）定植前的苗期管理。高温季节育苗为防止暴雨及阳光直射，均需搭遮阴棚或遮阳网覆盖，但在定植大田前为提高定植大田后秧苗的成活率，还需做好炼苗工作，即在定植前 7～10 天，逐步减少遮阳时间，让阳光照射时间逐步增加，以培育壮苗。定植时做到带药、带土、带肥。

**2. 保护地基质育苗**

（1）育苗场所消毒。育苗场地消毒主要采取高温闷杀、喷杀和熏杀 3 种方法。高温闷杀一般在 5—6 月进行，白天室温可达 60 ℃左右，5～10 cm 深土层温度可达 55～60 ℃，能有效杀死大部分病虫害。喷杀可选用 0.5% 高锰酸钾溶液，同时加入阿维菌素等杀虫卵。熏杀主要采用硫黄熏杀，每立方米用硫黄 4 g 加 8 g 锯末，每相隔 2 m 一个点，点燃熏杀，24 小时后放风排烟；也可用甲醛加高锰酸钾熏杀，即每亩用 40% 甲醛 1.65 kg 加高锰酸钾 1.65 kg 兑 95 ℃以上热水 8.4 kg，产生烟雾反应，封闭 48 小时消毒。

（2）穴盘规格。夏季育二叶一心苗，可选用 128 孔苗盘；育 4～5 叶苗可选用 96 孔苗盘。

（3）穴盘消毒。新穴盘一般不进行消毒，已使用过的穴盘可用40%甲醛100倍液或高锰酸钾稀释液浸泡10～15分钟消毒后晾干。

（4）基质准备。基质要求疏松透气、肥沃均匀、酸碱适中、不含虫卵。常用配方为草炭:珍珠岩:蛭石=6:3:1或草炭:牛粪:蛭石=5:4:1。夏季育苗可减少珍珠岩用量以保持水分。配制过程中采用40%甲醛300～500倍液灭菌消毒，可用基质或蛭石覆盖。每立方米基质中加入过磷酸钙2.5 kg和烘干鸡粪3 kg（或者腐熟羊粪4 kg），基质与肥料要充分搅拌混合均匀后过筛装盘。

每1 000盘需备用基质（按照亩用苗数2 500～3 500株计算）：128孔育苗盘备用基质3.7～4.5 $m^3$，96孔育苗盘备用基质4.5～4.8 $m^3$。

（5）装盘与压穴

1）装盘。在播种前1天进行基质装盘。将配好的基质（含水量60%）用硬质刮板轻刮到苗盘上，填满为宜，将多余的基质用刮板刮去，至穴盘格清晰可见。穴盘基质不应压实，应疏松。当天装不完的基质，第二天需上下翻一遍，保证装盘的基质干湿度基本保持一致。

2）压穴。将装好基质的穴盘上下对齐重叠5～10层压穴，覆盖地膜保湿，便于次日点种。压穴深度不宜超过1.0 cm。每次压穴要用力均匀，深浅一致，过深不利于出苗，过浅种苗容易"戴帽"。

（6）播种催芽。选择当年制种、籽粒饱满、熟期一致的种子，采取相对应的穴播机械进行机械播种。人工播种则需要精细，做到每穴1粒。播种穴盘数量要考虑安全系数，以保证供苗的数量和质量。

播种后要及时覆盖基质和浇足底水。上覆基质不得少于0.5 cm，浇水一定要浇透，直到穴盘底部的穴孔中有水滴流出为止。播种完成后将穴盘运送到催芽室或温室中催芽，也可先催芽后播种。

（7）育苗管理

1）子叶展开至二叶一心期的水分管理。确保基质中有效持水量为60%～70%，三叶一心以后有效持水量应在55%～65%。花椰菜幼苗在水肥充足时生长较稳，所以不必浇水太勤，但应浇匀浇透，以免浇水不匀出现幼苗生长不齐现象。浇水后应加大通风，降低苗床空气湿度。定植前7～10天适当控制水分，起苗前1天或当天浇一次透水，以利于提苗定植。

2）苗期温度管理。二叶一心前的温度管理以日温25～28 ℃、夜温20～25 ℃为宜。二叶一心后夜温可控制在18～23 ℃，白天酌情通风，降低苗床的空气湿度。

3）苗期光照管理。第一片真叶放开前，对整个苗床进行全天候遮阳；第一片真叶出现后在早晨和晚上阳光不太强的时间适当揭开遮阳网，以提高苗的抗病性和适应性，之后应逐步增加揭遮阳网时间，直至定植前 7～10 天不遮阳，但不能将遮阳网拿走，以免不良的气候条件对幼苗产生不利影响。

4）苗期追肥管理。花椰菜苗期生长需要氮磷钾配合齐全，尤其在幼苗期，氮肥对基叶的形成和生长影响特别明显，氮肥充足幼苗生长旺盛粗壮，反之植株矮小，叶片数少而弱，根系发育不良。如果二叶一心时花椰菜叶片薄而叶色浅、茎细弱，可随水补喷磷酸二氢钾溶液 1 次，四叶一心时有针对性地补充 0.1% 尿素或 0.2% 磷酸二氢钾溶液。补肥应少量多次，补肥时间应在每天下午 4 时以后，以免烧苗。

5）苗期病虫害防治。花椰菜苗期病虫害以猝倒病、立枯病、蚜虫和白粉虱等为主。防治猝倒病和立枯病的主要方法是基质消毒、控制浇水和通风排湿，环境湿度不得高于 70%。防治重点在二叶一心以前。在病害发生初期可用阿米西达药剂进行防治。蚜虫主要用阿维菌素药剂进行防治。白粉虱可喷施噻嗪酮药剂进行防治，或采用黄板诱杀。

**3. 大田准备**

要使花椰菜获得高产，培育壮苗是基础，田间管理是关键，其中对定植大田的选择至关重要。因为花椰菜主根衰退而侧根须根发达，根系主要分布于土壤表面，需土壤通气性好的大田；花椰菜品种需肥量大而全，因而要求土层深厚和土壤肥沃；花椰菜既怕水、也怕干旱，因而大田选择须排水条件良好；夏秋季是崇明台风暴雨多发季节，时有发生菜地因雨涝水浸导致花椰菜生长不良或严重发病，因而大田应选择地势高、土壤通气性好的田块或沙质壤土。

**4. 定植**

当秋花椰菜早熟品种苗龄（包括假植时间）达到 25～30 天（中熟品种苗龄达到 30～35 天、晚熟品种苗龄达到 35～40 天）时，就要及时移植到大田。可选择晴天下午或者阴天进行移植，这样有利于缩短大田缓苗期，有利于移植后活棵快，病虫为害轻。秋花椰菜定植时间和定植密度：早熟品种的定植时间为 7 月中旬至 8 月上旬，定植密度为每亩 1 900～2 300 株；中熟品种的定植时间为 7 月下旬至 8 月中旬，定植密度为每亩 1 500～2 000 株；晚熟品种的定植时间为 8 月上旬至 8 月下旬，定植密度为每亩 1 600～1 800 株。

春花椰菜的适时定植很重要，应在大田日均温度稳定在 6 ℃以上时进行定植。露地栽培的定植时间在 3 月中旬，地膜加小环棚的定植时间在 1 月下旬至 2 月上旬，3 月下旬撤棚。春花椰菜的定植密度为每亩 3 000～3 500 株左右。

花椰菜定植后的田间长势如图 3－8 所示。

图 3－8　花椰菜定植后的田间长势

**5. 定植后管理**

（1）温湿度管理。春花椰菜早春定植要做好温度和湿度管理。在温度管理上，棚内温度白天控制在 15～20 ℃，夜间控制在 6～10 ℃；在湿度管理上，定植后 3～5 天要封棚保温，等幼苗恢复生长后开始通风，通风量循序渐进，通风口由小到大，通风时间由短到长。

（2）肥水管理。花椰菜株叶茂盛，花球结实白嫩，是一种耗肥量大的蔬菜品种。花椰菜叶丛是制造营养物质的器官，花球是储藏养分的器官。在花椰菜叶丛生长期增加叶面积，扩大其营养物质的积累，是使花球肥大高产的重要基础。花椰菜叶片与花球的重量是有一定比例的，一般花球重量 1 kg，叶片的重量为 1.7 kg。栽培花椰菜除了选择土壤肥力充足、土层深厚的菜地外，施足基肥是提高花椰菜产量的重要基础，尤其是中晚熟品种，生育期长，基肥用量更多。一般每亩基肥用量为优质有机肥 2 000～2 500 kg 和 45% 三元复合肥 50 kg，全耕层施入。定植前以穴施方式亩施磷肥 30～40 kg。春花椰菜撤膜前 1～2 天进行中耕浇水，时间要选晴天上午，中耕深度为 3～4 cm，浇水量要少，以畦面不积水为宜。当植株心叶开始旋扭时，每亩施尿素 10～15 kg 和适量的钾肥，促进花球形成。现球后在株间打穴，亩施尿素 25 kg，有条件的可每隔 5～7 天浇 1 次水，直至收获。

**6. 折叶盖球**

花球横径达到 5 cm 左右时，折断靠近花球的外叶，覆盖在花球上，可使花球避开阳光直射、保持洁白，如发现覆盖叶萎蔫发黄要及时更换覆盖叶。

**7. 田间管理**

（1）中耕蹲苗。花椰菜定植后应及早进行中耕，以提高土壤的通透性，促进发根。第一次中耕要适当深些，随后蹲苗 1 周左右。中耕时要同步进行除草，封行前进行最后一次中耕除草。

（2）肥水管理。花椰菜不同生育时期的肥水管理要求不同，中、晚熟品种一般分三期，即定植后至莲座期、旺盛生长期、结球期。

1）定植后至莲座期。定植成活后，即开始施淡肥水，所施浓度相当于每 50 kg 水中加尿素 100 ~ 150 g，3 ~ 4 天后再施 1 次，以后每隔 7 ~ 10 天追施 1 次，用肥量逐步增加，每次增加 100 g。连施 4 次后，晴天傍晚每天浇水 1 次，浇水不能过湿，以第二天中午菜叶不萎蔫为度。中、晚熟品种莲座期为 30 天左右。

花椰菜莲座期田间长势如图 3 – 9 所示。

图 3 – 9　花椰菜莲座期田间长势

2）旺盛生长期。从第 5 次施肥开始，每 50 kg 水中加尿素 400 g，每隔 7 ~ 10 天增施 1 次，每次增施可另加 100 g 尿素。施肥时应注意菜小施近、菜大施远，晴天施淡、雨天施浓。中熟品种旺盛生长期为 30 天左右，此时浇水要充足，但不能灌水。如在阴雨天应及时进行中耕除草壅根。花椰菜为浅根性植物，根须较发达，因此中耕不宜过深，以免伤根，也不宜过多中耕。封行时若已发现小花蕾，应亩施 45% 复合肥 15 ~ 20 kg。

3）结球期。中熟花椰菜结球期一般在 45 天左右，前 30 天应每隔 10 天左右施肥 1 次，亩施尿素 10 ~ 15 kg。如逢干旱天气，可以适当灌水，以跑马水为主，一般在叶片因干旱出现萎蔫时进行，每隔 10～15 天灌水 1 次。

花椰菜结球期田间长势如图 3－10 所示。

图 3－10　花椰菜结球期田间长势

**8. 防止散球**

花椰菜生产会出现花球疏松和花球呈鸡爪状这两种“散球”现象，致使花椰菜质量下降、口感下降，农民减收。

（1）花椰菜出现散球的原因

1）选择的品种不适宜当地种植。

2）幼苗受干旱或者较长时间的低温影响，生长受到抑制。

3）定植期过早或者过晚，使花椰菜叶片或者花球得不到适宜的生长温度。

4）肥水不足导致花椰菜叶片瘦小。

（2）防止花椰菜出现散球的办法

1）选用适宜本地种植的优良品种。

2）采用营养钵或塑料袋育苗，合理控温，培育壮苗。

3）严格按照作物习性选择适宜的播种时间和生长发育环境。

4）花椰菜喜肥喜湿，要根据这一特性加强肥水管理。

5）在花球充分长成、边缘尚未散开时及时采收。

**9. 采收**

适时采收对花椰菜产量和品质有直接的关系，将直接影响上市价格。优质花椰菜产品的质量标准：花球洁白，结球紧实，球面较平整，无花枝松散抽出，无病虫害为害，无毛花，花球外带乳白色托叶3~4片，无老叶，球高8~12 cm，球茎10~20 cm，单球重0.8~1.5 kg。

早熟品种一般在见花后20天左右即可采收，采收应在花球紧实而未松动前进行。中、晚熟品种，见花到采收时间为30~45天，花球生长时间较长，而且气候凉爽，因此采收也可以提前或推后，以扩大花椰菜上市期，避免集中上市，还可折断一方侧根，减少根部吸收，延长成熟期，也可将花球连根拔起，移入通风室内，可保鲜储藏15~20天。

花椰菜如需长途运输，应对花球进行一定的包装，如用纸箱和网状套袋相结合的办法进行包装。纸箱内应按存放二层的要求设计，每个花球用网状泡沫进行套袋包装（见图3-11），中间用白纸进行隔开，上层再覆盖一层白纸后封箱。保存和运输时应尽可能在15 ℃以下的环境中，这样可保存4~7天。在相同的保存时间和环境条件下，用纸箱包装上市的花椰菜比散装的质量要好得多，价格也高。

图3-11　花椰菜产品包装

## 3.2　花椰菜主要病虫害及其防治

在花椰菜病虫害防治中，应优先选择生物农药防治。选用化学农药时，科学选用绿色农药，用药时应注意交替轮换使用，并注意采收间隔期。

## 3.2.1 主要病害

### 1. 根肿病

(1) 病害症状（见图3－12）。花椰菜根肿病仅为害根部。初发病时，肿瘤表皮光滑，呈圆球形或近球形，后表面粗糙，出现龟裂，易被其他腐生菌侵染而发出恶臭。病原物主要在根的表层中蔓延，使被直接侵染的根部肿大，并刺激周围的组织细胞不能正常分裂，形成形状和大小不同的肿瘤。主根发病时肿瘤大而量少，侧根发病时肿瘤小而量多。

根部受害后可影响地上部分的生长，使叶色变淡，生长迟缓，矮化，发病严重时出现萎蔫症状，以晴天中午明显，起初夜间可恢复，后来则可使整株死亡。

图3－12 花椰菜根肿病症状

(2) 发生规律。此病由芸薹根肿菌引起，病菌以休眠孢子囊随病株根部残余组织遗留在田间或散落在土壤中越冬。散落到土中的休眠孢子对环境的抵抗能力强，可以在土壤中存活7～8年。在次年春季环境条件适宜时，休眠孢子囊产生游动孢子，借雨水、灌溉水、地下害虫及农事操作传播，从植株根部表皮侵入，引起初次侵染。病菌侵入寄主9～10天后，根部开始形成肿瘤，产生的游动孢子扩大为害。

病菌喜温暖潮湿的环境，适宜发病的温度范围为 9 ~ 30 ℃；最适发病环境日均温度为 19 ~ 25 ℃，相对湿度为70% ~98%，土壤 pH 值为5.4 ~6.4；最适宜感病生育期为苗期至成株期。发病潜育期 10 ~25 天。

长江中下游地区花椰菜根肿病的主要发病盛期在 5—11 月。夏秋多雨或梅雨期间多雨的年份发病重，田块间连作地以及地势低洼、排水不良、土质黏重、偏酸性的田块较重，地下害虫发生重的田块发病重。

（3）防治措施

1）实施科学轮作和避病茬口栽培。根据病菌的残留存活期，可对病田实施水旱轮作和非十字花科蔬菜轮作 4 ~5 年以上进行防治；或在十字花科根肿病的盛发期 5—11 月，回避种植易感病的十字花科作物。

2）种子消毒。根肿病虽种子内部不带菌，但附在种子表面的泥土可带菌传病，采种子时不在病区留种，不从病区调运种苗。引进种子在播种前，干种子用 2.5% 咯菌腈悬浮种衣剂包衣，使用剂量为干种子重量的 3‰ ~4‰，包衣后晾干播种。

3）选用无病田育苗或对苗床消毒。病区应尽量选择无病田育苗或对苗床进行土壤处理（消毒）再提苗。应选择地势高、排灌方便的田块作苗床。

4）深沟高畦栽培，推广应用滴灌浇水抗旱。深沟高畦栽培，雨后及时清理沟系，降低地下水位，抗旱小水勤浇，有利于减轻病害；大水漫灌有利于病害的传播。

5）定植秧苗防病处理。将定植的秧苗用 2.5% 咯菌腈悬浮种衣剂 500 倍液、68.75 g/L 氟吡菌胺 · 霜霉威盐酸盐悬浮剂 400 倍液、75% 丙森锌 · 霜脲氰水分散粒剂 400 倍液或 53% 甲霜灵 · 锰锌可湿性粉剂 400 倍液浸根 5 ~20 分钟。具体做法是开始时药液浓度高，浸根时间 5 ~6 分钟，以后每换浸一次秧苗延长 2 ~3 分钟浸根时间，最后的残液作浇根防病用。

6）清洁田园。发病病株及时拔除，带出田外深埋或烧毁，并在病穴四周撒消石灰，防止病菌蔓延。在 5—11 月对病田换茬，及时清除十字花科根肿病病残体，带出田外烧毁或深埋，并翻耕土壤，加速病残体的腐烂分解，减少田间菌源。

7）施用碱性物调节土壤酸碱度。对重病田适当施用草木灰、氯化钾等碱性肥料，或每亩用粉石灰 30 ~35 kg 调节土壤酸碱度，减轻病害。

8）化学农药土壤消毒。在夏秋季对重病田块用“庄伯伯”进行土壤处理（消毒），适宜剂量为 150 $g/m^2$，每亩用量为 100 kg（播种行施药消毒用量 100 $g/m^2$）。定植前用“庄伯伯”拌土后均匀撒于田内，翻耕后充分浇足水，然后用塑料盖好，待 5 ~7 天揭膜，再翻耕，5 ~7 天后即可定植。

**2. 霜霉病**

（1）病害症状（见图3－13）。花椰菜霜霉病在花椰菜各生育期均可发病，主要为害叶片，也能为害茎、花梗甚至种荚。

苗期染病，叶片、幼茎会变黄枯死。

叶片染病，从莲座期开始，一般先由外部叶片发生。发病初期叶片正面出现淡绿色或黄绿色水渍状斑点，后扩大呈淡黄或灰褐色，边缘不明显。病斑扩展时常受叶脉限制而成多角形。在病情盛发期，数个病斑会互相连接成不规则的枯黄叶斑。潮湿时与病斑对应的叶背面长有灰白色霉层，即病菌的孢囊梗和孢子囊。当环境条件适宜时，病菌在短期内可进行多次再侵染循环，加速病情发展，数天至15天内即可使植株叶片自外向内逐渐变黄、干枯，最后剩下菜心或叶球部分。

图3－13　花椰菜霜霉病症状

茎、花梗染病，出现肥肿扭曲，被害花器肥大畸形，花瓣变为绿色，不易凋落。

种荚发病，病部会产生变形，长出白色霜霉状物，导致结实不良、种子减产并携带病菌。

（2）发生规律。病菌以卵孢子随病株残余组织遗留在田间越冬或越夏，也能以菌丝体在田间病株或留种株种子内越冬。条件适宜时，卵孢子萌发形成芽管引发对春菜或秋菜幼苗的初侵染，并形成孢子囊借风雨传播再次侵染。播种带菌种子，开春后直接为害幼苗，使幼苗发病。病菌在病株花梗和种荚内，能形成大量卵孢子，并可以附在种子表面进行长距离传播，成为下一个生长季节幼苗发病的重要初次侵染源。

病菌喜温暖潮湿的环境，适宜发病的温度范围为7～28 ℃；最适发病环境日均温度为

14～20 ℃，相对湿度为90%以上；最适宜感病生育期为莲座期至采收期。发病潜育期3～10天。菌丝体发育最适温度为20～24 ℃，而孢子囊形成和萌发的最适温度为7～16 ℃，侵入的最适温度为16 ℃。在黑暗条件下产孢数量多且快，光照对孢子囊的萌发有积极作用。孢子囊和卵孢子的萌发均需要高湿条件。

上海及邻近地区花椰菜霜霉病主要发病盛期在4—6月、9—11月。在发病盛期时段，气温一般在15～24 ℃区间反复波动。早晚温差大、多雾重露、晴雨相间、相对湿度较高的环境发病重；秋季台风、雨水偏多，晚秋多雾重露、气温偏高的年份发病重；田块间连作地，以及地势低洼积水、沟系少、湿度大、排水不良的田块发病较早较重；播种期过早、种植过密、通风透光差、肥水不足或氮肥施用过多的田块发病重。

（3）防治措施

1）留种与种子消毒。从无病留种株上采收种子，选用无病种子。引进商品种子在播种前要用2.5%咯菌腈悬浮种衣剂拌种后播种，使用剂量为干种子重量的3‰～4‰；或用50 ℃温水浸种20分钟后，立即移入冷水中冷却，晾干后催芽播种。

2）清洁田园。收获后及时清除病残体，带出田外深埋或烧毁，深翻土壤，加速病残体的腐烂分解。

3）加强田间栽培管理。施足基肥，适时播种，雨后及时排水，适当增施磷钾肥，以降低地下水位，促使植株健壮，提高植株抗病能力。

4）化学防治。田间始见病害是防治适期。多晴少雨天气时，每隔7～10天防治1次；多阴雨、多重雾天气时，每隔5～7天防治1次。可选用68.75 g/L氟吡菌胺·霜霉威盐酸盐悬浮剂600～800倍液、75%丙森锌·霜脲氰水分散粒剂1 000～1 200倍液、80%烯酰吗啉可湿性粉剂600～800倍液、72%霜脲氰·锰锌可湿性粉剂600～800倍液、72.2%霜霉威水剂600～800倍液、53%甲霜灵·锰锌可湿性粉剂600～800倍液、80%代森锰锌可湿性粉剂600～800倍液等喷雾防治。防治时应注意多种不同类型农药的合理交替使用。

**3. 菌核病**

（1）病害症状（见图3－14）。花椰菜菌核病主要为害植株的茎基部，也可为害叶片、叶球、叶柄、茎及种荚。苗期和成株期均可染病。

苗期染病，在茎基部出现水渍状的病斑，而后幼苗腐烂或猝倒。

茎染病，主要发生在茎基部或分枝的叉口处，以留种株症状尤为明显，产生水渍状不规则形病斑，扩大后环茎一周，淡褐色，边缘不明显，使植株枯死。终花期湿度高时，茎病部长出一层白色棉絮状菌丝体，茎病部组织腐烂而中空，剥开可见白色菌丝体和黑色菌核。菌核鼠粪状，圆形或不规则形，早期白色，以后外部变为黑色，内部白色。

种荚染病，荚表面产生一层白色棉絮状菌丝体，荚内产生白色菌丝体和黑色菌核，使留种株结荚降低，种荚籽粒不饱满，从而影响种子的产量和品质。

叶片、叶球或叶柄染病，发病初始产生水渍状，扩大后病斑呈不规则形，淡褐色，边缘不明显，呈湿腐状。田间湿度高时，病部产生一层白色棉絮状菌丝体及黑色鼠粪状菌核。

图 3-14　花椰菜菌核病症状

（2）发生规律。病菌以菌核在土壤中、病残株组织内及混杂在种子中越冬或越夏。在环境条件适宜时，菌核萌发产生子囊盘，子囊盘散发出的子囊孢子借气流传播蔓延，穿过寄主表皮角质层直接侵入衰老叶片或未脱落的花瓣，引起初次侵染。侵入后病菌破坏寄主的细胞和组织，扩散并破坏邻近未被病原物侵染的组织，通过病株与健株间的接触，进行重复侵染。病叶与健叶或茎干接触、带病花瓣落在健叶或分枝杈口上，病菌就可以通过残花腐生后扩展而使健全的茎叶发病。

病菌喜温暖潮湿的环境，适宜发病的温度范围为 0～30 ℃；最适发病环境日均温度为 20～25 ℃，相对湿度为 90% 以上；最适宜感病生育期为生长中后期。子囊孢子萌发最适温度为 5～10 ℃，相对湿度低于 70% 时病害扩展明显受阻。发病潜育期 5～15 天。

长江中下游地区花椰菜菌核病的主要发病盛期在2—6月。早春低温、连续阴雨或多雨，梅雨期间多雨的年份发病重；晚秋季低温、寒流早、多雨、多雾的年份发病重；田块间连作地，以及地势低洼、排水不良的田块发病较重；种植过密、通风透光差、因寒流作物受冻、氮肥施用过多的田块发病重。

（3）防治措施

1）清洁田园。收获后及时清除病残体，带出田外深埋或烧毁，深翻土壤，加速病残体的腐烂分解。

2）加强田间栽培管理。高畦种植，合理密植，以利于通风透光，同时开好排水沟，降低田间湿度，增强植株生长势，合理使用氮肥，增施磷钾肥，提高抗病力。

3）留种与种子处理。从无病留种株上采收种子，选用无病种子。引进的商品种子在播前要做好种子处理，清除混杂在种子内的菌核。

4）化学防治。在发病初期开始喷药，连续喷药2～3次，用药防治间隔期为7～10天。可选用400 g/L嘧霉胺悬浮剂800～1 000倍液、50%啶酰菌胺水分散剂1 000～1 200倍液、20%噻菌铜悬浮剂300～400倍液、6%春雷霉素可湿性粉剂300～400倍液、50%乙烯菌核利可湿性粉剂1 000倍液、50%腐霉利可湿性粉剂1 000倍液等喷雾防治。

**4. 黑腐病**

（1）病害症状（见图3－15）。花椰菜黑腐病主要为害叶片和花球。苗期和成株期均可染病。

图3－15　花椰菜黑腐病症状

苗期染病，子叶初始产生水渍状斑，逐渐变褐枯萎或蔓延至真叶，使叶片的叶脉呈长短不等的小条斑。

叶片染病，在叶片边缘产生黄色斑点，后向两侧和叶内扩展，形成“V”字形黄褐色病斑，后到达叶柄和茎，维管束变为黑色，小花球变为灰黑色，呈干腐状。

花球染病，在花球上产生小黑点，后小黑点逐步扩大。用刀切开小黑点部位，可见有“V”字形的黑斑向花球内部扩展。

（2）发生规律。病菌随种子或病株残余组织遗留在田间越冬。播种带菌种子，带菌种皮依附在子叶上，从子叶边缘的水孔侵入，传导至维管束，出苗后，病菌在苗床中侵染幼苗造成为害。成株期，借昆虫及雨水反溅，病菌从叶片水孔或伤口侵入，并在薄壁细胞内繁殖，随后进入叶维管束组织内扩展，使叶片染病，再由叶维管束传导至茎维管束组织，扩展形成系统侵染。留种株病原菌还通过果柄维管束进入种脐到达种荚，附着在种子上，使种子表皮带菌，这是病菌向新菜区远距离扩散传播的重要途径。

病菌喜温暖潮湿的环境，适宜发病温度范围为 5 ~ 39 ℃；最适发病环境温度为 20 ~ 30 ℃，相对湿度为 90% 以上；最适宜感病生育期为花椰菜莲座期到成熟期。发病潜育期 3 ~ 5 天。病菌致死温度 51 ℃，经 10 分钟就可完成消毒。

长江中下游地区花椰菜黑腐病的主要发病盛期在 5—11 月。高温多雨、闷热的年份发病重；田块间连作地，以及地势低洼、排水不良的田块发病较重；种植过密、管理粗放、植株徒长、虫害发生严重的田块发病重。

（3）防治措施

1）留种与种子消毒。选用无病株留种或对种子进行消毒。从无病留种株上采收种子，选用无病种子。引进的商品种子在播种前要做好种子消毒，可用 0.02% 的链霉素浸种 20 分钟，然后冲洗干净，晾干播种，以降低种子带菌量，减少感染。

2）茬口轮作。在重发病田块，提倡与非十字花科作物实行 2 ~ 3 年轮作，以减少田间病菌来源。

3）防治传病害虫。在小菜蛾、菜青虫、甜菜夜蛾、斜纹夜蛾、蚜虫、猿叶甲、黄曲条跳甲等害虫盛发前及时防治，防止传播病害。

4）加强田间栽培管理。高畦栽培，雨后及时清沟排水，防止田间积水，合理施肥，促使植株生长健壮，提高植株抗病能力。

5）清洁田园。收获后清除病残体，并带出田外深埋或烧毁，深翻土壤，加速病残体的腐烂分解，减少再侵染菌源。

6）化学防治。在发病初期开始喷药，间隔 7 ~ 10 天喷 1 次，连续喷 2 ~ 3 次。可选用 20% 噻菌铜悬浮剂 300 ~ 400 倍液、6% 春雷霉素可湿性粉剂 300 ~ 400 倍液、18.6% 新植霉素100万单位5 000倍液、47%春雷·王铜可湿性粉剂1 000倍液、72.2%霜霉威水剂800～1 000倍液等喷雾交替防治。

**5. 软腐病**

（1）病害症状（见图3－16）。植株苗期较抗病，一般在莲座中后期有个别植株开始发病，发病盛期常在植株生长中期至采收前后。最常见的发病部位是在植株外围叶片上、叶柄基部与根茎交界线处，初呈水渍状，逐渐变灰褐色腐烂，并伴有臭味。初发病的叶片在中午前后的阳光下有萎蔫现象，但在早晚或阴雨天尚可恢复，过后2～3天则不能恢复而贴地腐烂，或使叶球暴露。严重发病的病株，病菌还向茎髓部蔓延，造成整株腐烂。另一种常见的症状是病菌先从菜心基部侵入引起发病，而植株外部则发育正常，从菜心开始逐渐向外腐烂发病，最后使外部叶片、叶柄腐烂。

花椰菜软腐病最大特点是病部有灰黄色黏液溢出，腐烂后发出恶臭。

图3－16　花椰菜软腐病症状

（2）发生规律。病菌主要随病株残余组织在土壤、堆肥中越冬，也能在传播此病的昆虫体内越冬。病菌的寄主范围很广，从春到秋可以在田间各种蔬菜上为害。只要环境条件适宜，病菌就可大量繁殖，借雨水、灌溉水传播。通常病菌在植株生长初期即侵入幼根，并进入导管潜伏繁殖，当环境条件不适宜花椰菜生长或植株抗病性下降时，潜伏的病菌则引发寄主病态表现。此外，病菌还能通过根系生长的自然裂口、机械伤口、病痕和虫伤口（跳甲、小菜蛾、甜菜夜蛾、斜纹夜蛾等造成）侵入为害。

病菌喜温暖高湿的环境，适宜发病的温度范围为 10 ~ 38 ℃；最适发病环境温度为 25 ~ 35 ℃，相对湿度为 90% 以上；最适宜感病生育期为成株期至采收期。发病潜育期 5 ~ 20 天。

长江中下游地区花椰菜软腐病的主要发病盛期在 4—11 月。春、夏季温度偏高、多雨或梅雨期间多雨的年份发病重；秋季多雨、多雾的年份发病重；田块间连作地，以及地势低洼、排水不良的田块发病较重；种植过密、通风透光差、氮肥施用过多的田块发病重。采收后的发病轻重还与储藏条件密切相关，储藏窖内缺氧、温度高、湿度过大，易引起烂窖。

（3）防治措施

1）选用适合当地种植的丰产优质的耐病品种，提倡推广使用杂交良种。

2）提倡轮作，尽可能回避与十字花科蔬菜连作。茬口安排要使土地有一定的休闲期，以改善土壤理化性质，并促使病残体分解和病菌死亡。

3）采取深沟高畦短畦栽培，防止雨后积水和降低地下水位，做到小水勤浇，减少病菌随水传播的机会。

4）适时播种，加强栽培管理，及时防治传病害虫如跳甲、小菜蛾等为害，减少害虫为害所造成的伤口。田间操作也要小心，防止人为机械损伤给病菌入侵创造机会。

5）化学防治。应从莲座期开始勤查田头，初发病期每 7 ~ 10 天喷药 1 次，发病盛期每隔 5 ~ 7 天喷药 1 次，连续 2 ~ 3 次。发现初发病株即用药液及时浇灌病株及周围健株，每株浇灌药液视植株大小、土壤的干湿和药液的浓度而定，一般以 0. 25 ~ 0. 5 kg 为宜。

可选用 20% 噻菌铜悬浮剂 300 ~ 400 倍液、6% 春雷霉素可湿性粉剂 300 ~ 400 倍液、72. 2% 霜霉威水剂 800 ~ 1 000 倍液、18. 6% 新植霉素 100 万单位 5 000 倍液、72% 农用链霉素可湿性粉剂 3 000 ~ 4 000 倍液等浇根防治。

**6. 黑斑病**

（1）病害症状（见图 3 – 17）。花椰菜黑斑病主要为害叶片、茎、叶柄，花梗和种荚也能受害。

叶片染病，受害多从外叶开始，初为水渍状小点，后逐渐扩大发展为褐色至黑色小点。在潮湿气候条件下，病斑较大，直径 5 ~ 30 mm。叶片上病斑呈圆形，有明显同心轮纹，病斑周围出现黄色晕圈。后期病斑上长出黑色霉状物，即病菌的分生孢子梗和分生孢子。病害严重时，病斑密布全叶，使叶片枯死。

茎和叶柄染病，病斑呈长梭形，出现暗褐色条状凹陷，具轮纹。

（2）发生规律。病菌以菌丝体及分生孢子随病株残余组织遗留在田间越冬，也能附着在种子上越冬。环境条件适宜时，产生的分生孢子借气流的传播进行初侵染。病部产生的

图 3－17　花椰菜黑斑病症状

新生代分生孢子借风雨传播，进行再侵染。

病菌喜温暖潮湿的环境，适宜发病的温度范围为 0～30 ℃；最适发病环境日均温度为 17～20 ℃，相对湿度大于 80%，pH 值在 6.6 左右；最适宜感病生育期在成株期至采收期。发病潜育期 5～10 天。

长江中下游地区花椰菜黑斑病可周年发生。温度偏高、多阴雨的年份发病重；田块间连作地，以及地势低洼、排水不良的田块发病较早较重；种植过密、通风透光差、基肥不足或氮肥偏少、长势弱的田块发病重。

（3）防治措施

1）种子消毒。干种子用 2.5% 咯菌腈悬浮种衣剂包衣，使用剂量为干种子重量的 4‰～5‰，包衣后晾干播种。

2）实行轮作。注意与十字花科以外的蔬菜轮作，以减少田间病原菌。

3）清洁田园。及时摘除病、老叶，收获后清除病残体，并带出田外深埋或烧毁，深翻土壤，加速病残体的腐烂分解，减少田间病原菌。

4）加强田间栽培管理。增施基肥，清理沟系，雨后减少田间积水，适时收获，避免损失。

5）化学防治。在发病初期喷药，用药间隔期 7～10 天，连续防治 2～3 次。可选用 250 g/L 嘧菌酯悬浮剂 1 000 倍液、75% 肟菌 · 戊唑醇水分散剂 3 000 倍液、430 g/L 戊唑醇悬浮剂 2 000～3 000 倍液、250 g/L 吡唑醚菌酯乳油 2 000 倍液、80% 代森锰锌可湿性粉剂 600～800 倍液、50% 异菌脲可湿性粉剂 800～1 000 倍液等喷雾防治。

### 3.2.2 主要虫害

花椰菜主要虫害为小菜蛾、夜蛾类等。防治方法见芦笋的虫害防治部分。

## 3.3 花椰菜留种技术

### 3.3.1 常规品种大株留种

应根据各常规品种生长发育时间，选择花球厚实、紧密、无毛，球面平整色白，生长健壮，外叶少的植株作种株，于 11 月中旬前后移入温室或塑料大棚中。种株按行距 40 cm、株距 30 cm 栽植，如图 3－18 所示。由于留种花球都是厚实和紧密的，花枝不易抽出，因此，在移入温室或塑料大棚前（也可在移入后）要切去花球中的部分花枝，留 4～5 丛分枝，促使抽薹。切割要选择在晴天进行，切口要平，使伤口容易愈合，并要做好以下工作。

**1. 田间管理**

移植时由于伤根较多，影响水分的吸收，以致许多叶片呈萎蔫状，因此，晴天中午要适当遮阳，减少蒸腾，促使恢复生长，种株基部老叶要及时摘除。

**2. 温度和湿度管理**

做好温室或塑料大棚内温度和湿度的调节。冬季以保温为主，一般夜间不能低于 0 ℃，白天最好在 15 ℃以上，温度过高要及时通风降温。如遇寒流，白天要密闭，夜间加盖草帘。开春转暖后，要以通风换气、降温降湿为主，特别在开花期，白天温度不宜超过 35 ℃，中午强光下要适当遮阳，以免影响花粉受精，造成阴荚瘪籽，降低种子的产量和质量。

图 3－18　花椰菜大株留种

**3. 肥水管理**

花椰菜留种植株一般不追肥，但在栽植前要施好基肥，一般每亩施45%复合肥50 kg。为了降低室内湿度，除特别干旱外，一般不浇水，但结荚期间为使种子饱满，可适当浇水1～2次。浇水前先在种株旁挖一穴，将水浇在穴内，然后用土盖好，防止水分蒸发，降低室内湿度。

**4. 病虫害防治**

花椰菜留种植株极易感染病害，特别易受菌核病为害，严重时，可造成颗粒无收。因此，除加强通风换气、降低室内湿度外，还要及时切除有病花株，切除后用50%多菌灵可湿性粉剂150～200倍液封住伤口，同时连续喷3～4次进行预防。此外，还要注意对蚜虫的防治。

**5. 采收**

种子在5月中下旬成熟，由于各部位结荚的成熟期有先后，因此，采种时要随熟随收。

当种荚呈黄褐色时，连花梗剪下，悬挂在通风阴凉处晾干，待种荚全部枯黄时脱粒，晒干后储藏。

### 3.3.2 常规品种中株留种

大株留种成本高，种子产量较低而且高低悬殊，一般每亩为 15 ~45 kg，种子使用年限为 1 ~2 年。因此，也有采用中株留种的方法。中株留种一般 8 月中旬至 9 月初播种，11 月中旬前后移入大棚内，此时花球尚未充分长足，病害较少。中株留种的植株开展度较小，种株的栽植距离可缩小为行、株距均为 30 cm，其他管理与大株留种相同。

4

# 第4章

## 红皮马铃薯

马铃薯也叫土豆、洋芋、荷兰薯等，是茄科茄属一年生草本植物，原产于南美洲秘鲁、智利等地区。远在公元前2 000多年，马铃薯在南美已有栽培，但传播到世界各地仅300年左右。马铃薯目前在世界上生产区域广泛，不同纬度、不同海拔地带、不同季节均可栽培马铃薯。全世界马铃薯的种植面积达3亿多亩，总产量达2.5亿多吨。马铃薯于17世纪初传入中国，在我国的南方和北方都有栽培，在大中城市郊区及工矿区附近主要作蔬菜栽培。马铃薯含有较丰富的铁、维生素 $B_1$、维生素 $B_2$ 和维生素C，是深受人们喜爱的粮菜兼用型作物，对改善食物结构、增进人类体质具有重要意义。红皮马铃薯是一种特色稀有马铃薯品种，因其表皮呈红色或粉红色而得名。红皮马铃薯糯性强、品质优，而且微量元素含量十分丰富，同时也具有抗癌、降血压的功效，因而越来越受到人们的喜欢，是崇明农户种植的主要品种。崇明红皮马铃薯种植面积总计在2 000亩左右。

# 4.1 红皮马铃薯栽培技术

## 4.1.1 特征特性

红皮马铃薯是经几百年自然环境驯化而形成的特有马铃薯品种。该品种为早熟品种，整个生育期为90～110天。植株直立或半直立，株高55～65 cm，分枝性中等，生长势较强。茎浅紫褐色，叶绿色，复叶大。花冠白色带淡紫色，有重瓣，花药橙黄色，花粉少，不能自然结果。块茎肾形或长椭圆形，表皮光滑，芽眼较浅，如图4－1所示。红皮马铃薯结薯集中，块茎大小中等、较整齐，休眠期短，耐储藏。植株较抗晚疫病、环腐病，较耐旱耐瘠，易感染病毒病。红皮马铃薯亩产500～800 kg。

## 4.1.2 栽培技术

红皮马铃薯一般分春、秋两季栽培种植，春季大多为露地小环棚栽培，秋季则为大棚栽培。由于秋播产量低，一般只种春薯。而春薯在5—6月收获后，种薯经过6—9月长期储藏，往往失水萎蔫，芽细弱，保存相对较难，播种后前期长势弱，留种成本高。因此红皮马铃薯在崇明以春茬栽培为主，秋季进行适时适量留种栽培。

**1. 春季栽培技术**

（1）播种时间。1月中旬至2月下旬采取大棚早熟栽培播种，3月上旬至3月中旬进行地膜或小环棚覆盖播种，3月下旬至4月中旬进行露地播种栽培。

图4－1　红皮马铃薯

（2）土地的选择。栽培地必须选择土壤肥沃疏松、排灌良好、地下水位低、富含有机质的沙质壤土。因为沙质壤土既有提高早期土壤温度的作用，又具有一定的保水保肥能力，有利于促进红皮马铃薯早发和健康生长。同时，栽培红皮马铃薯的土壤，要求耕作层深厚，根系生长有利于块茎在土壤中发育膨大，因此深耕细作，为马铃薯创造一个深厚而松软的耕作层，对增产具有积极意义。马铃薯的根系主要分布于30 cm土层中，因此只需深耕30～35 cm即可。土层浅的地块可采取高畦栽培。崇明梅雨季节雨水多，应做好田间的三沟配套，有利于田间排灌水。红皮马铃薯对肥料的需求量较大，合理的施肥方法是施足基肥、勤施薄肥、多施钾肥和施腐熟有机肥，尤其在沙土和黏土上更需施肥，有利于块茎的发育膨大。建议将总用肥量的1/2～2/3用作基肥，有机肥、磷肥全部以基肥施入。复合肥以施肥总量的50%施入，采取面施、条施或穴施的方法进行。红皮马铃薯对土壤酸碱性要求不高，pH6.5～7.5范围均可，但它的抗盐碱能力很弱，不宜选择在盐碱地种植。

（3）整地。种植红皮马铃薯的地块应选择近2～3年未种植过茄科类植物的地块。每亩施腐熟有机肥1 500～2 500 kg和45%复合肥30～40 kg，然后耕翻，做成畦宽1.4～1.6 m、沟深15～20 cm的高平畦，定植行间距30～35 cm，播种沟深10～15 cm。

（4）播种和定植。春播红皮马铃薯，在不受晚霜为害的范围内应适时早播。适当早播，先发根，后发芽，出土后因根系已有良好基础，气温升高后能快速生长，提早结薯，为早熟丰产创造条件。原则上来讲，当地下10 cm处地温达到6～8 ℃时即可开始播种。

若红皮马铃薯播种前还未通过休眠期，可采取催芽的方法：一是提早切块，采取一切二、一切四的方法，增加进入块茎内部的氧气，以提早发芽；二是喷施脱落酸或赤霉素，以增强呼吸作用，刺激生长，改变生理生化过程，促进提早发芽。

同时可采取提早催芽方法，具体操作要求是：提早 10～15 天将经过切削或化学处理的种薯，放在 25～28 ℃及 70% 左右的相对湿度环境条件下，在铺有湿润疏松细土的地面上整齐排放一层，上覆一层细土，再覆一层种薯，共计 2～3 层，最后上盖地膜和保温材料进行保温。待芽萌发后，温度可降至 20 ℃左右。催芽过程中要经常检查，发现有腐烂薯块应立即剔除，否则会传染邻近的薯块，发生大量烂薯。当芽长至 1 cm 左右时就可取出播种。

为避免将病毒带入田间，应按芽的粗细、发芽率、芽上有无病斑等进行挑选（一般感染病毒病的块茎往往发芽慢，幼苗纤细），并对发芽势一致的种薯进行定植，以便于定植后的培管。

（5）播种密度和深度。红皮马铃薯的产量是由块茎的数量和大小决定的。块茎的数量很大程度上取决于播种密度，而块茎的大小取决于积累养分的多少，故合理密植成为增产的关键。如果用中等大小的种薯播种，每一个种薯应保留 3 个以上芽眼。定植应采取宽行密植，有利于通风透光，同时便于培土。播种量根据切块的大小和种植密度不同而不同，一般的亩用种量在 100～150 kg。定植时，将种薯直接摆放在畦面定植沟内，以株距 25～30 cm，每亩播种 4 000～5 000 株为宜。播种时要把种薯稍向下压，同时在种薯上盖 5～8 cm 的细土，微压实，使薯块与土壤充分接触，以促进发芽发根出苗。

（6）肥水调控。2—3 月普遍气温偏低，播种后应立即采取保温措施进行保温。当种薯露出泥面后，应及时破膜，确保苗的正常生长。红皮马铃薯生长快，在重施基肥的情况下，还需分次施肥并早施提苗肥，前期多施氮肥，后期多施钾肥和磷肥。在整个生育期需要浇水施肥 4 次：第一次施肥在现蕾期，每亩随水施尿素 5 kg；第二次施肥在开花期，每亩随水施尿素 10～15 kg、硫酸钾 5～10 kg；第三次施肥在块茎形成期，随水施尿素每亩 5～10 kg、施硫酸钾 10～15 kg；第四次施肥在块茎膨大期，随水施尿素每亩 5 kg、硫酸钾 10 kg，并结合土壤墒情及天气情况和植株长势情况，使土层 30 cm 深度保持湿润即可。在高温和干旱的天气状况下可以适当增加浇水量；降雨次数多且田间湿润的时期，可减少浇水。

（7）中耕培土。红皮马铃薯属浅根系作物，其根系大部分分布在 30 cm 左右的土壤表层中。若土层板结，不利于须根向纵深伸展，从而影响根系的生长。中耕可使表土疏松，通气良好，在早春红皮马铃薯生长前期，温度低时中耕还有利于提高土温，促使发芽和根系的生长发育，同时还能促进植株的生长发育，为早熟高产奠定良好的基础。中后期中耕可促进块茎膨大。一般在红皮马铃薯整个生长发育过程中应中耕三次：幼苗期结合追肥进行第一次中耕，要求中耕深度以不伤及根系为宜；发棵期结合第二次施肥进行第二次中耕；在植株封行前结合培土进行第三次中耕。中耕可使土壤保持疏松而无杂草，但在整个中耕过程中，应尽可能避免损伤红皮马铃薯根系和匍匐茎。

培土对红皮马铃薯增产有重要作用，可产生更多的匍匐枝，同时可避免匍匐枝长出地面形成地上枝，使已形成的块茎不致暴露在地面而变绿色，失去商品价值。在高温时培土可降低土温；雨水多时培土则有利于排水。培土加厚了土层，病害不容易传到新块茎上，可减少烂块。一般应在幼苗期平沟或覆土，发棵期浅培土 2 次，至植株即将封行时进行大培土，培成高畦。

红皮马铃薯田间长势如图 4 – 2 所示。

图 4 – 2　红皮马铃薯田间长势

（8）除蘖摘蕾。红皮马铃薯生长期过长或者营养过剩，可能导致分枝过多，应根据田间的实际情况进行除蘖，使养分集中。除蘖应在苗出齐后，已能分辨枝的好坏时进行。一般每穴选留最强壮的 3 ~ 5 枝，除去弱枝。如播种不密或播种时出苗不齐，应适当增加苗数。

红皮马铃薯品种只开花不结果特性决定了马铃薯在现蕾时应及时摘除花蕾，以节省养分消耗，改变养分分配，促进块茎进一步膨大。红皮马铃薯花蕾如图 4 – 3 所示。

（9）适时收获。红皮马铃薯成熟的特征是大部分茎叶由黄绿色转为黄色，薯块发硬，周皮坚韧，连接块茎的匍匐茎已干枯容易脱落，块茎切开时分泌少量汁液且很容易干燥，这样的马铃薯即可采收。若需要提早上市，可在下部叶片开始变黄时采收。一般红皮马铃

图 4－3　红皮马铃薯花蕾

薯在开花后块茎即达成熟初期，但块茎尚不够大，成熟未充分，此时采收产量低，而且块茎的淀粉等干物质含量较低。一般播种后 90～110 天便可采收，采收时间一般在 5 月下旬至 6 月下旬，对于不受雨季影响的马铃薯，适当晚收有利于增加产量和提高商品率。

采收应在晴天进行，这时土壤比较干燥，便于采收的块茎保存。若田间湿度过大，一方面采收效率下降，另一方面采收的块茎因含水量过多，容易导致腐烂。收获商品块茎时应尽量不要碰伤块茎，并将块茎在阴凉处摊晒 2～4 天，以散失表面水分，这样即使有伤口也容易愈合。块茎不能在烈日下暴晒，如阳光过烈，可用茎叶遮阳。对于发病较重的地块，宜先割下茎叶，拿离田间，经 1～2 周后才采收块茎，但这样的块茎不宜储存久放，更不能作种。

**2. 大棚栽培技术**

红皮马铃薯采用大棚栽培是近些年发展起来的一种新的种植方式。虽然成本投入较高，但能使秋薯推迟收获，延长上市时间。因此，虽然产量低，但单价高，经济收入比露地栽培增加 2～3 倍以上，深受本地农民欢迎。

（1）栽培时间。9 月中旬至 10 月中旬播种。

（2）田块选择。红皮马铃薯块茎膨大需要疏松肥沃的土壤，因此地块最好选择地势平坦、有灌溉条件、排水良好、耕层深厚、疏松的沙质壤土。之后进行整地。整地深度不能小于 25 cm，做好控制水分的管理工作，以提高土壤的渗透性和保护水分的能力。

（3）种薯的选择。应选用具有本品种特性的、薯皮光滑、果形圆整、25～50 g、大小适中的健康种薯作种。

（4）播种和栽培。播种前20天开始催芽。红皮马铃薯种薯切块时，每个种块应至少有一芽眼。每千克切50～75块为宜。切好后与石灰粉进行混合杀菌消毒。待种块晾干后即开始苗床催芽。有两种方法：一是在室温10 ℃以上的屋角内用沙催芽，一层沙一层种块；二是在室外的通风朝阳处挖坑催芽，坑深25 cm左右，一层沙一层种块，3层为宜，然后加盖环棚薄膜，夜间加盖草帘保温。以上两种方法在催芽期间要洒水1～2次，防止落干。当芽长到长0.5～1.0 cm时，开始播种。

（5）整地开沟。下种前看土地墒情，若墒情不好，可考虑灌沟造墒，造墒时间宜在下种前7～10天。红皮马铃薯种植一般为双沟定植，开沟时大行50 cm、小行40 cm。

（6）合理施肥。红皮马铃薯在生长期中将形成大量的茎叶和块茎，因此需要的营养物质较多。应亩施腐熟有机肥1 500～2 500 kg、45%复合肥50 kg和过磷酸钙30 kg。红皮马铃薯对硫酸钾需要量大，应按氮、磷、钾需肥比例1.85∶1∶2.1进行施肥。底肥应结合作畦或挖穴施于10 cm以下的土层中，以利于发育后根系的吸收，确保出苗迅速而整齐。

（7）合理密植。从群体和个体协调性考虑，红皮马铃薯在一般栽培水平下，每亩栽植株数为6 000株左右，每株3～5枝茎较为适宜。

（8）田间管理

1）查苗补苗。红皮马铃薯齐苗后，要及时进行查苗，有缺苗的要及时补苗，以保证全苗。补苗的方法：播种时将多余的薯块密植于田间地头，发现缺苗要及时补苗，如在缺穴中有病烂薯，要先将病烂薯和其周围土挖掉后再补苗。土壤干旱时，挖穴浇水后再进行补苗，以缩短缓苗时间，尽快恢复生长。

2）中耕培土。中耕松土可使结薯层土壤疏松通气，有利于根系生长、匍匐茎伸长和块茎膨大。出苗前如土面板结，应进行松土，以利出苗。齐苗后进行第一次中耕和清除田间杂草，深度8～10 cm；第一次中耕后10～15天，进行第二次中耕，深度在5～8 cm；现蕾时，进行第三次中耕，并结合培土，培土高度为10～15 cm，以增厚结薯层，避免薯块外露降低品质和产量。

3）追肥。红皮马铃薯从播种到出苗时间较长，出苗后要及早用少量氮素化肥追施芽苗肥，现蕾期结合培土追施1次结薯肥，每亩施45%复合肥15～20 kg。开花以后，一般不再施肥，若后期表现脱肥早衰现象，可用0.1%～0.2%磷酸二氢钾溶液或尿素进行叶面喷施。

4）水分管理。幼苗期需水较少，只要土壤墒情好，可不浇水或少浇水，保持土壤疏松，以利于根系发育。花期至薯块膨大盛期是需肥高峰期，应确保土壤湿度在70%～80%。田间湿度小于50%以下时，要及时灌溉，但不要大水漫灌过垄顶，以确保土壤的通透性。收获前7～10天应停止浇水，促使块茎表皮木栓化，以便收获时减少块茎损伤。

# 4.2 红皮马铃薯主要病虫害及其防治

## 4.2.1 主要病害

### 1. 晚疫病

(1) 病害症状（见图4-4）。主要为害马铃薯的叶片、叶柄、茎和薯块。

叶片染病，一般从叶尖或叶缘开始，初始产生水渍状暗褐色斑点，天气潮湿时病斑快速扩大，病斑边缘有一圈白色粉霉状物，在叶的背面长有茂密的白霉，形成霉层，即为病菌的孢囊梗和孢子囊。天气干燥时病部变褐干枯，质脆易裂，病、健部分界明显，不见白霉，病斑扩展速度减慢。

叶柄和茎染病，初为稍凹陷的黑色条斑，气候潮湿时表面也产生少量白霉。发生严重时茎、柄部以上叶片卷缩萎垂，田间一片枯焦。

图4-4 红皮马铃薯晚疫病症状

薯块染病，发病初期产生褐色或紫色的小病斑，稍凹陷，在皮下呈红褐色，逐渐向周围和内部扩展。土壤干燥时病部发硬，呈干腐状。在多湿黏重的土壤内，病薯常易受杂菌感染而软腐，产生怪味，不能食用。储藏期间，带病薯块尚可继续为害，造成干腐或湿腐。块茎病斑表面一般不出现白霉，但若将病薯在 15 ℃左右的条件下保湿，几天后切面上就长出白霉，易腐烂。

（2）发生规律。病菌主要是以菌丝体潜伏在病薯内越冬，成为第二年病害初侵染的来源。种薯带病，重者不能发芽或发芽后未出土即死亡，轻者发芽出土，发展成为田间的中心病株。病菌借气流、雨水反溅或灌溉水传播进行多次再侵染。马铃薯病株叶片上的病菌孢子囊是反复侵染的主要侵染源。

病菌喜日暖夜凉及高湿的环境，适宜发病的温度范围为 20 ~ 23 ℃；最适发病环境白天温度为 22 ℃左右，夜间温度为 10 ~ 13 ℃，相对湿度为 95% 以上；最适宜感病生育期为成株封行至采收、储藏期。发病潜育期 1 ~ 5 天。产生孢子囊的最适温度为 18 ~ 22 ℃，产生游动孢子的最适温度为 10 ~ 13 ℃，游动孢子萌发的最适温度为 12 ~ 15 ℃。

长江中下游地区马铃薯晚疫病的主要发病盛期在 4—6 月。清明前后多雨或入梅早、多雨的年份发病重；地势低洼、排水不良、黏性土壤的田块发病较重。种薯消毒不严、种植过密、通风透光差、氮肥施用过多、播种过迟的田块发病重。

（3）防治措施

1）选种。在无病田块中选留种薯，尽量选用抗病品种及脱毒苗。

2）加强田间管理。选择土壤疏松、排水良好田块，适当早播，及时防治地下害虫，促使植株生长健壮，增强抗病能力。

3）清洁田园。发现中心病株立即拔除，收获后及时清除病残体，带出田外深埋或烧毁，减少菌源。

4）薯块管理。在收薯、藏薯、切薯块、春化等过程中，每次都要严格剔除病薯，减少储藏及田间初侵染源。

5）化学防治。在发病初期开始喷药，每隔 7 ~ 10 天喷 1 次，连续防治 2 ~ 3 次，重病田视病情发展，必要时还要增加喷药次数。可选用 75% 丙森锌 · 霜脲氰水分散粒剂 600 ~ 800 倍液、52.5% 噁唑菌酮 · 霜脲氰水分散粒剂 1 000 ~ 1 200 倍液、80% 烯酰吗啉可湿性粉剂 600 ~ 800 倍液、72% 霜脲氰 · 锰锌可湿性粉剂 600 ~ 800 倍液等喷雾防治。防治时应注意多种不同类型农药的合理交替使用。

**2. 病毒病**

（1）病害症状（见图 4 – 5）

1）花叶型。由马铃薯 X 病毒侵染所致。叶片出现黄绿相间的不均匀斑块，顶部嫩叶重于下部老叶，叶脉呈现浓绿与淡绿相间的花叶症状。由于植株抗病性和气候条件的不同，花叶又可分为重花叶和轻花叶。重花叶出现叶片缩小、叶缘卷曲、植株矮化等症状，甚至在叶片和块茎上出现坏死斑；而轻花叶叶片不变形，植株不矮化。

图4－5　红皮马铃薯病毒病症状

2）坏死型。由马铃薯Y病毒侵染所致，可为害叶、叶脉、叶柄及枝条、茎。病部出现黑褐色坏死斑，病斑发展连接成坏死条斑，严重时全叶枯死或萎蔫脱落。

3）卷叶型。由马铃薯卷叶病毒侵染所致，可引起马铃薯种性退化。叶片沿主脉为轴向上内卷成管状或勺状。病叶色淡缩小，变硬且脆，易折断；有时叶片呈紫色，但不现花叶，叶脉尤为明显。病害严重时，每张小叶呈筒状，植株生长停滞或早死；病株新生薯块少而小，在其横剖面上可见黑色网状坏死病变。

（2）发生规律。三种病毒均可在块茎内存在，随种薯传播。马铃薯X病毒和Y病毒还可通过汁液和摩擦传染，因此病株叶片与健康叶片摩擦，以及农事操作和植株伤口都能传播病毒。马铃薯Y病毒除上述传播途径外，还可通过蚜虫传播，其中以桃蚜最为常见。卷叶病毒主要以桃蚜传播，但不会通过汁液和摩擦传播。

上海地区马铃薯病毒病春季发病较重，秋季较轻。多方面的资料表明：马铃薯在冷凉条件下结薯多、生命力强、抗病毒能力也强；反之，在高温条件下薯块内病毒浓度增加，所结的块茎生活力较弱。土壤温度低和昼夜温差大，能防止马铃薯因X病毒和Y病毒引起的退化。在生产上采取两季作，即春季结的种薯秋季种，使其复壮，以减轻发病程度和退化速度。

（3）防治措施

1）选种。选留和繁育健康种薯。

2）建立良种繁殖基地。建立良种田，进行株选留种，保持品种的抗病性。

3）加强栽培管理。春季催芽早播早收，秋季适当迟播，可以避免高温影响，减轻发病、退化。

4）蚜虫防治。大田和留种田块，在蚜虫发生初期及时用药防治，防止蚜虫传播病毒。

5）化学防治。可选用8%宁南霉素水剂300～400倍液等喷雾防治。在常年田间发病前或始见发病期，每隔7～10天喷1次，连续喷2～3次，能减少感染，增强植株抗病性，起到预防作用。

**3. 青枯病**

（1）病害症状。马铃薯青枯病属整株性维管束病害，染病后植株稍矮缩，症状表现在叶片、茎部和薯块上。

叶片染病，整张叶片变为浅绿或苍绿色，病株基部叶片先萎蔫，后整株下垂，开始早晚还能恢复，经过4～5天后整株叶片萎垂，不能再恢复，进而造成植株枯萎死亡，而病株茎叶仍为青绿色（故称青枯病），叶片不凋落，叶脉变褐色。

茎部染病，出现褐色条纹，茎内维管束变褐色或黑褐色，湿度大时切面有白色黏液状菌液溢出。

薯块染病，初始表现不明显，扩大后脐部呈灰褐色水渍状，切开薯块，可见维管束变褐色，用力挤压有白色黏液状菌液溢出，严重时外皮龟裂，髓部腐烂。

（2）发生规律。病原细菌附着在土壤及病薯内越冬。在环境条件适宜时，土壤中越冬的病菌通过雨水反溅、灌溉水的传播，从薯块伤口或茎基部等处侵入，引起薯块及植株发病。种薯带病，在播种前切块时也可通过切刀传病，病菌随土壤水分、流水、农具等传播扩散。发病较轻的种薯，播种后开始能正常出苗生长，在生长过程中病菌进入茎部，伴随植株生长而繁殖，一般当苗长到30 cm左右时，植株就出现萎蔫症状，也有部分病株可结较小薯块。带病种薯在高温高湿条件下易腐烂。病薯发病较重，播种后在土壤中腐烂，不能出苗。当季感染病菌的大薯，有的在储藏期间腐烂，部分不腐烂的薯块若作种薯，则是下季发病的重要菌源。马铃薯成熟后，如遭连续阴雨不能及时采收，可造成田间大量烂薯，以致大量薯块继续染病。

病菌喜高温潮湿的环境，适宜发病的温度范围为10～40 ℃；最适发病环境温度为30～37 ℃；最适宜感病生育期为植株生长中后期。发病潜育期10～25天。

上海地区马铃薯青枯病的主要发病盛期在5月中下旬。温度偏高、入梅早、梅雨期间多雨的年份发病重；晚秋多雨、多雾的年份发病重；田块间连作地，以及地势低洼、排水不良、土质黏重的田块发病较重；春播过迟或秋播过早、种植过密、通风透光差、氮肥施用过多的田块发病重。

（3）防治措施

1）选种。选无病田块留种。切种薯时，严格剔除病薯，切到病薯时刀具要消毒（可将切刀浸入75%酒精内，或用煮沸水消毒），防止病菌传播。选用小种薯整薯播种，可以减少病菌传播而减轻发病。

2）实行轮作。发病地块实行与水稻、玉米、水生蔬菜等轮作。

3）田间管理。合理密植，开好排水沟系，雨后及时排除田间积水。

4）清洁田园。及时拔除病株，收获后清除病残体，带出田外深埋或烧毁。深翻土壤，加速病残体的腐烂分解。

5）化学防治。在发病初期开始浇根，每隔7～10天浇1次，连续浇2～3次。每穴浇根药液200～300 g。可选用72%新植霉素粉剂3 000～4 000倍液、6%春雷霉素可湿性粉剂300～400倍液、20%噻菌铜悬浮剂400～500倍液、53.8%氢氧化铜水分散粒剂1 000倍液浇根。防治时应注意多种不同类型农药的合理交替使用。

**4. 炭疽病**

（1）病害症状。马铃薯炭疽病主要为害叶片，也可侵染块茎。

叶片染病，初期形成近圆形或不定形坏死斑点，逐渐变成赤褐色至褐色，最后成边缘明显的灰褐色病斑。环境利于发病时，多个病斑可相互汇合形成不规则坏死大斑（病斑易破裂），引起植株叶片萎蔫和破碎。发病后期的病斑表面会产生许多黑色小点，即病菌的分子孢子盘和分生孢子。

块茎染病，多在地上部发病较重的植株上发生。先在块茎上产生水渍状黄褐色斑点（比马铃薯块茎色略深的小麻点），随后逐渐扩大成3～7 mm的近圆形或不规则的中央微凹的黄褐色病斑。收获后在高温潮湿的条件下，病斑上可产生淡红色的霉层，并引起块茎腐烂。

（2）发生规律。病菌以菌丝体或分生孢子随病残体在土壤或种薯上越冬。带病种薯是重要的初侵染源。带病种薯播种后，病菌在种薯发芽时即开始侵染，当环境条件适合时，在病部产生分生孢子，借助于风雨、气流传播，从叶面气孔、伤口等处侵入植株，形成多次再侵染，使病害蔓延扩大。高温潮湿有利于发病，马铃薯生长中后期遇雨、露、雾多的天气，病害易扩展蔓延。

病菌喜温暖潮湿的环境，适宜发病的温度为10～35 ℃；最适发病环境温度为15～32 ℃，相对湿度为90%以上；最适宜感病生育期为成株期。发病潜育期3～10天。

长江中下游地区马铃薯炭疽病的主要发病盛期在5—7月、9—11月。春、秋季连续阴雨天气或梅雨期间多雨的年份发病重；田块间连作地，以及地势低洼、排水不良的田块发病较重；种植过密、通风透光差、偏施氮肥的田块发病重。

（3）防治措施

1）选种。不在病田留种，选种要检查种薯是否有病，严防种薯带菌引发病害。

2）种植田块选择。选择土壤肥沃、平坦的高块，增施有机肥，提高寄主抗病力。

3）清理沟系。开沟排水，雨后及时排除田间积水。

4）清洁田园。收获后把病残体带出田外并深埋。土壤进行深翻，以减少来年病源。

5）化学防治。在发病初期开始喷药，每隔 7～10 天喷 1 次，连续喷 2～3 次。可选用 15% 咪鲜胺增效型微乳剂 400～600 倍液、20% 苯醚甲环唑微乳剂 1 500～2 000 倍液、500 g/L 氟啶胺悬浮剂 800 倍液、250 g/L 吡唑醚菌酯乳油 1 000 倍液、75% 肟菌·戊唑醇水分散剂 3 000 倍液、430 g/L 戊唑醇悬浮剂 3 000～4 000 倍液等喷雾防治。防治时应注意多种不同类型农药的合理交替使用。

### 4.2.2 主要虫害

**1. 小地老虎**

（1）形态特征

1）成虫。体长 16～23 mm，翅展 40～45 mm，体暗褐色，内外横线均为双线黑色，呈波浪形，将翅分成三等分。前翅中室附近有一个环形斑和一个肾形斑，肾形斑外侧有一明显的黑色三角形斑纹，尖端向外，在亚外缘线内有两个尖端向内的黑色三角形斑纹。后翅灰白色，腹部灰色。雄蛾触角为羽毛状，雌蛾触角为丝状。

2）卵。卵散产，直径 0.4 mm 左右，馒头形，顶部稍隆起，底部较平，表面网状花纹。初产时乳白色，逐渐变为米黄色、粉红色、紫色，至孵化前转为灰黑色。

3）幼虫。共 6 龄，老熟幼虫体长 37～42 mm，体色为灰褐色至黑褐色，臀板黄褐色，有明显的八字黑褐色斑纹，如图 4－6 所示。

4）蛹。体长 18～24 mm，赤褐色，有光泽。

（2）发生与为害。小地老虎是迁飞性害虫，在长江流域年发生 4～5 代。上海地区春季虫源主要由南方迁入，以第一代幼虫为害较严重，第二代多数虫源北迁，第三代再由北方回迁，少数年份会为害秋播作物秧苗。

成虫有趋光性和趋化性，对黑光灯趋光性一般，对糖、醋、酒混合液趋化性较强。越冬代成虫常年在 2 月中下旬始见，早发年份在 2 月上旬始见，晚发年份在 3 月初始见，3 月中下旬进入发蛾盛期。成虫寿命 7～20 天，常在相对湿度 90% 以上，气温 20～22 ℃时最为活跃。平均每头雌蛾产卵量可达 800～1 000 粒。雌蛾产卵偏爱有机质丰富，地面有残留枯黄草筋、草根的土表，有时也产在植株叶片及杂草上。3 月底至 4 月初进入产卵高峰，4 月上中旬为卵孵高峰。初龄、一龄和二龄幼虫喜于菜株心叶或嫩叶上取食，吃成针状小

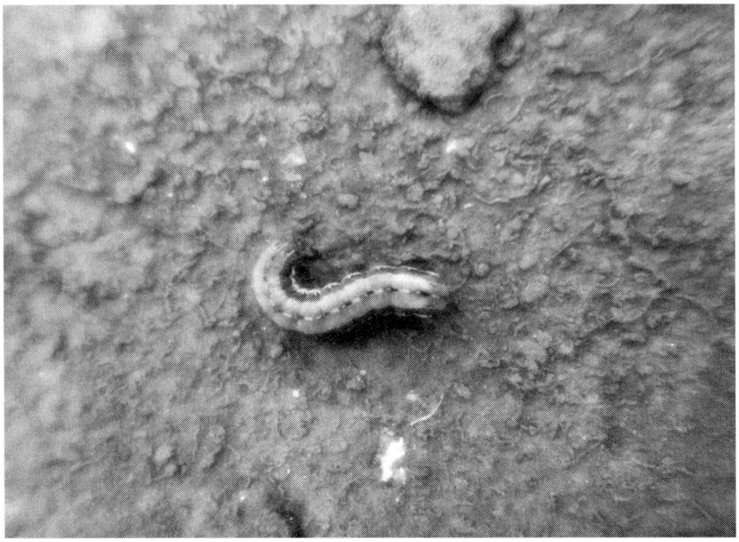

图 4 - 6　小地老虎幼虫

孔洞。幼虫三龄前昼夜活动，4 月中下旬为一二龄幼虫的盛发期。幼虫三龄后白天潜伏在作物或杂草根部附近土中，傍晚开始活动，爬到蔬菜秧苗上为害，在土表 2 ~ 3 cm 处咬断秧苗嫩茎。四龄后进入为害盛期，对新鲜杂草及菜叶有嗜好趋性。4 月底 5 月初常是高龄幼虫盛发期，是断苗为害高峰期。幼虫有假死性和自残性，受惊动即蜷缩成环状。食料缺乏时，幼虫可迁移为害。幼虫老熟后入土筑室化蛹，前蛹期 2 ~ 3 天，个别年份在初秋季节也可发生小地老虎为害。

适宜小地老虎生长发育的温度范围为 8 ~ 32 ℃，最适温度为 15 ~ 25 ℃，相对湿度为 80% ~90%。当月平均温度超过 25 ℃时，不利于其生长发育，羽化的成虫会迁飞异地繁殖。

上海地区小地老虎的发生为害盛期在 4 月下旬至 5 月中旬、8 月下旬至 9 月中旬，主要以幼虫为害春、秋播多种蔬菜幼苗，尤以春季直播的豇豆、菜豆、玉米、萝卜等幼苗受害最重，幼苗近地面的茎部被切断，造成缺苗断垅，严重时断苗率可高达 50% ~70%。幼虫也可对黄瓜、青菜、马铃薯、番茄、辣椒、甘蓝育苗调茬定植蔬菜造成严重断苗为害。在中等发生程度以上的年份，防治上不可忽视对调茬地及调茬白地的防治，否则当秧苗栽种以后，会受到小地老虎幼虫的集中攻击。小地老虎在马铃薯上的为害主要是断枝，在发生较轻的年份可不喷药防治。

（3）防治措施

1）农业防治。清洁田园，早春铲除菜地及其周围的杂草，可以灭卵和幼虫；晚秋翻晒土地及冬灌，能杀死部分越冬蛹和幼虫。

2）诱杀成虫。应用小地老虎性诱剂和蛾类通用诱捕器诱杀成虫，也可用糖醋酒液、黑光灯诱杀成虫。

3）土壤处理。对4月底至5月初播种的白地或调茬田，在定植后或出苗前要喷药防治，防止幼虫为害。发现有断苗，可用50%辛硫磷乳油1 000倍液灌根，每穴用药液100 g左右。

4）化学防治。在一二龄幼虫盛发高峰期用药，根据虫口密度防治1～2次，防治间隔期7～10天。可选用150 g/L茚虫威悬浮剂3 000倍液、10%虫螨腈悬浮剂1 000～1 500倍液、50 g/L虱螨脲乳油800～1 000倍液等喷雾。喷药宜在傍晚进行，有利于提高防治效果。

**2. 瓜蚜**

（1）形态特征

1）有翅胎生雌蚜。体长1.2～1.9 mm，体色为黄色至深绿色，前胸背板黑色，腹部两侧有3或4对黑斑，腹部背面时有间断的黑色横带2～3条。触角6节，第三节有感觉圈4～10个，多数为6～7个。腹管圆筒形，黑色，表面具瓦状纹。尾片圆锥形，近中部收缩，具刚毛4～7根。

2）无翅胎生雌蚜。体长1.5～1.9 mm，体色有黄绿色、墨绿色或蓝黑色，体背有斑纹，全身被有蜡粉，腹管长圆筒形，具瓦状纹，尾片同有翅胎生雌蚜。

3）卵。椭圆形，长0.5～0.7 mm，初产橙黄色，后变漆黑色，有光泽。

4）若蚜。共4龄，老熟若蚜体长1.6 mm左右，体色有黄色、黄绿色或蓝灰色，复眼红色。有翅若蚜在第三龄后可见翅芽2对，形同无翅若蚜。

（2）发生与为害。瓜蚜在长江流域年发生20～30代，属两性生殖或孤雌胎生繁殖。在长江流域的露地和华北地区一般以卵在越冬寄主木槿、石榴等作物的枝条上越冬；但冬季在加热温室、大棚的瓜类上可继续无性繁殖。常年当日均气温稳定到6 ℃以上时越冬卵孵化为干母，气温达12 ℃左右开始胎生干雌，在越冬寄主上行孤雌胎生，繁殖2～3代后，产生有翅胎生雌蚜，于4月中下旬开始迁飞到瓜地或其他寄主上不断繁殖，扩散为害。秋末初冬又产生有翅蚜迁回到越冬寄主上，并产两性蚜交尾、产卵，在越冬寄主的枝条缝隙和芽腋处越冬。

瓜蚜对黄色有较强的趋性，对银灰色有忌避习性，且具较强的迁飞和扩散能力，当寄主衰老、营养条件恶化时则产生大量有翅蚜迁飞转移到新寄主上。每头雌蚜寿命可长达10多天，平均胎生若蚜60～70头。

适宜瓜蚜生长、发育、繁殖的温度范围为10～30 ℃，最适温度为16～22 ℃，相对湿度为40%～65%。在15 ℃下，若虫历期12～14天，在20～25 ℃下，若虫历期仅5天左右。高温高湿均可抑制其发育和繁殖，当5日平均气温达25 ℃以上，平均相对湿度达75%以上时，瓜蚜的种群数量明显下降。瓜蚜的主要为害期在春末夏初，秋季一般轻于春季，一般干旱年份发生重。

上海地区瓜蚜的盛发期在4—10月，主要为害是成蚜及若蚜在叶背和嫩茎上吸食作物汁液。植株嫩叶及生长点被害后，叶片卷缩，嫩茎萎蔫，甚至整株枯死；老叶受害，提前脱落，缩短结瓜期，造成减产。此外，瓜蚜还能传播病毒病。

（3）防治措施

1）黄板诱杀。利用有翅蚜有趋黄的特性，在有翅蚜迁飞期于田间设置含有植物源诱剂的黄板，每亩悬挂25～30张，诱杀有翅蚜。

2）物理防治。苗床四周铺17 cm宽银灰色薄膜，苗床上方每隔60～100 cm拉3～6 cm宽银灰色薄膜网格，避蚜防传病毒效果好。夏季可不种或少种十字花科蔬菜，以切断或减少秋菜的蚜源和毒源。

3）农业防治。有条件的地区，在菜田内间作种植玉米等高秆作物，阻挡瓜蚜的迁飞扩散。

4）生物防治。在大棚栽培中，可在瓜蚜发生初期释放蚜茧蜂。

5）化学防治。在田间瓜蚜点片发生阶段用药，防治间隔期10～25天，连续用药2～3次。可选用22.4%螺虫乙酯悬浮剂3 000～4 000倍液、25%噻虫嗪水分散粒剂6 000～8 000倍液、40%啶虫脒水分散粒剂3 000～4 000倍液、0.5%苦参碱水剂500倍液等交替喷雾防治。

**3. 夜蛾类害虫**

夜蛾类害虫防治方法见芦笋的虫害防治部分。

## 4.3 红皮马铃薯留种与储藏技术

### 4.3.1 留种技术

红皮马铃薯的种薯应在梅雨来临前采收，否则雨间或雨后采收，种薯会发生腐烂，不耐储藏。采收标准：在植株下部叶子变黄，上部茎叶尚绿时采收，此时虽然产量较低，但用这种早收的种薯播种后所获得的产量较高。当红皮马铃薯优良品种不进行定向选种时，种植几年后也会发生种性退化现象，抗病性减弱，产量逐年下降。所以留种应进行严格的选种，通过品种不断选育，保持优良的种性，减轻病害，防止退化，以提高单位面积的产量。

应在田间对幼苗期、发棵期、结薯期等整个生长发育期进行性状考察，及时清理病株、劣株，确保品种的整齐度。采收时，应选择单株产量高、结薯均匀、薯形端正圆整、具备该品种典型性状的块茎作种薯。

### 4.3.2 种薯储藏

种薯收获后应放在阴凉通风处摊晾 8 ~ 10 天，待种皮干燥后，再入室内储藏。种薯堆放不宜过厚，以不超过 40 ~ 45 cm 为好，或用箩筐并列排放，或采用架藏。储藏时必须注意经常通风换气，每隔 10 ~ 15 天倒堆 1 次，保持储藏环境适宜的温度和湿度。发现烂薯、病薯及时拣出。种薯收后摊晾 8 ~ 10 天即可入室内储藏，储藏温度不能低于 0 ℃，以免受冻害。

5

# 第5章

## 香 酥 芋

香酥芋系由红梗香酥芋在崇明长期种植，经农民选育而形成的地方特有品种，在崇明已有 100 多年的栽培历史，因其香而糯性好、质地细腻、一煮就糯的特点，深受消费者的欢迎。香酥芋质地细软，易于消化，是幼儿及恢复期病人的辅助保健食品。香酥芋也可做药，能增强人体免疫力，能消疡散结，可降低胆固醇，对防止血管硬化、消结散肿等均有功效。

# 5.1 香酥芋栽培技术

## 5.1.1 特征特性

香酥芋叶互生，为单数羽状复叶，盾形，最大叶片 30 cm × 30 cm，叶片宽大厚实，叶柄中空，平衡点部叶柄绿带紫色。茎短生，茎节上附有棕色毛状叶鞘，并在叶丛间抽生肉穗，不开花结果。块根呈棒槌形，表皮土黄色，肉质洁白细嫩，如图 5－1 所示。香酥芋以露地栽培为主，平均单株有 5～10 个子芋，平均单株重 300～800 g，全生育期 160 天，每亩产量在 1 000 kg 左右。

图 5－1　香酥芋

### 5.1.2 栽培技术

**1. 土壤准备**

（1）土地的选择。香酥芋种植地应选择肥沃、耕作层深厚、保水能力强、相对地势较低的壤土或沙质壤土。香酥芋一般实行3年以上轮作，忌连作，连作时生长发育不良，腐烂较严重，产量会减少70%～80%。种芋发芽慢且初期生长较慢，为了充分发挥土地的效用，可与生长期短的蔬菜品种如青菜、鸡毛菜、叶生菜等进行合理间套作。

（2）整地施肥。香酥芋的球茎有向上生长的习性，且根系分布较深，越冬前种植地应进行深翻，深度在30 cm以上，使土壤松软透气。

香酥芋宜用腐熟的堆肥、厩肥、禽肥等为基肥，还可以利用冬季农闲时种植绿肥，开春后全部粉碎还田。每亩面施或沟施腐熟有机肥2 000～2 500 kg、45%硫酸钾型蔬菜专用复合肥30～50 kg，也可加施过磷酸钙、草木灰、硫酸钾等磷钾肥。

（3）种芋的选择。从无病田块中的健壮植株上选用具有本品种特性的母芋中部的子芋作种。种芋应顶芽充实，球茎粗壮饱满，形状完整，无病虫为害。白头、露青和长柄芋球茎不宜作种。白头是指顶端无鳞片毛的球茎，大多是孙芋或是生在母芋上端发生较迟的子芋；露青是指顶芽已长出叶片的香酥芋；长柄芋是着生于母芋基部的子芋。这些子芋或孙芋组织柔嫩、营养物质不充实，若用以作种，幼苗生长不健壮，会影响产量。

种芋大小对香酥芋的生长和产量的影响也较大。种芋越大，产量越高，但用种量增加。因此，选种时应兼顾大小及用量。种芋一般以每千克30个为宜，即每个种芋30 g左右，保护地栽培方式也可选用小型种芋。每亩用种量依栽培方式、种芋大小、栽植密度的不同而不同，一般为100～200 kg。

（4）种芋的处理

1）种芋的休眠特点。香酥芋的休眠期一般为2～3个月，但会受其他条件的影响：水分含量高的休眠期长，水分含量低的休眠期短；在温度较高的条件下，香酥芋的呼吸作用较强，酶的活性加快，营养消耗增多，休眠期也较短，而在温度较低的条件下，休眠期则较长。如在30～32 ℃的条件下，香酥芋的休眠期只有20天左右，而在8～10 ℃的条件下，其休眠期则可维持5～6个月。

2）打破休眠的方法。长江中下游地区一般通过储藏使香酥芋自然通过休眠状态。为加快其通过休眠，生产上常用的方法主要是以下两种。

①晾晒种。香酥芋在播种前1个月，将种芋晾晒3～5天，从而使香酥芋失水，以增强呼吸作用和酶的活性，打破香酥芋的休眠。

②药剂处理。播种前用300～500 mg/L的乙烯利溶液浸泡后，将香酥芋种芋成堆码

放，上盖塑料薄膜密封 12 ~ 24 小时，即可完全打破休眠。

**2. 直播或育苗**

（1）直播。播前选择符合本品种特征，顶芽健全，无病虫、伤斑，不腐烂的中等大小的子芋作种，大小以 25 ~ 40 g 为宜。若种芋在储藏时顶芽已萌生很长，新根已经发生，则不能做种，否则播种后长势弱，易早衰，不丰产。种芋选好后，摊晒两天，便于播种后发芽生长。在晒种时，还应按大小分级，以便分开播种。种芋上的毛应剥去，以利播种后与土壤直接接触，加快种芋吸水，促进发芽。种芋自储藏处取出后不能久放不种，否则失水过多，香酥芋皮干缩，会出苗缓慢或影响发芽，最好能在晒种后 2 ~ 3 天内播完。每亩用种量为 120 ~ 150 kg。

香酥芋播种的株距因栽培方式和土壤肥力的不同而异。香酥芋植株开展度较大，生育期较长，宜合理稀植，一般株距为（30 ~ 45）cm × （70 ~ 80）cm。

播种时将种芋按规定的株距，播于预先开好的定植沟内，顶芽向上，然后覆土。覆土深度以盖没顶芽为度，不宜过厚，以利日晒增温，促进出苗。种芋周围土壤要细碎，不能有大泥块，以防漏风或种芋外露引起腐烂。大小种芋应分开播种，以便田间管理时区别对待。香酥芋直播时可采取地膜覆盖，它对香酥芋的早熟丰产有显著的作用。

（2）育苗。为延长香酥芋的生长期，最好较常规提前 20 ~ 30 天在温床或冷床里催芽育苗。苗床宜选在地势高、背风向阳处，畦向以东西为主。床温应保持 8 ~ 10 ℃，湿度适当，床土不宜过深，厚度以 10 ~ 15 cm 为宜，底土应压实，以限制根群深度，防根系下扎，确保少伤根。起苗时，从苗床侧将床土扒开，按次序起苗，切勿伤根。

近年来，大棚、中棚栽培面积越来越多。因此，种芋育苗也可就近利用大棚、中棚进行。移植时，以拥有 1 ~ 2 片展开真叶及发根较少的苗为种苗，因为这时根原茎已开始活动，定植后即可发根生长。香酥芋是移植性较弱的植物，要加强护根措施。

（3）定植。香酥芋应在露地无霜冻时及早定植，长江流域可在 3 月下旬至 4 月上旬定植，这样可使植株在入伏前封行，维持较大的同化面积，且避免烈日直晒土面；8 月上旬气温逐渐下降，日照逐渐变短，有利于球茎的膨大。

为了便于培土，一般采用宽行密植栽植法，以垄距 80 cm、株距 30 cm 为宜，每亩栽种 1 500 ~ 2 000 株，亩产量在 1 500 ~ 2 000 kg。

香酥芋宜深栽，便于球茎生长。农谚曰："深栽香酥芋，浅栽苕（甘薯）。"香酥芋栽植深度一般在 10 ~ 12 cm，定植完成后，上覆堆肥、细土、绿肥或其他植物的秸秆，也可进行地膜覆盖。

**3. 田间管理**

（1）施肥。香酥芋生长期长，需肥量大，耐肥力强，除施足基肥外，必须多次追肥。

香酥芋苗期生长慢，需肥不多，种芋所提供的养分会转化为幼苗生长需要，所以只要调水，满足植株生长即可。以后随着地上部生长逐渐旺盛，结合培土追肥3次：第一次，在幼苗第一片叶片展开时，深中耕，提高地温，每亩浇46%尿素8～10 kg；当株高长至50 cm、有3～4片真叶时，进行第二次中耕，并重施追肥，每亩用45%复合肥15～20 kg、过磷酸钙15 kg施入行间；在植株长到固有高度时（8月上旬），封行前进行第三次追肥，每亩追施45%复合肥20～25 kg，并加施硫酸钾，以促进球茎淀粉的形成及积累，提高产量和品质，并注意结合中耕、除草和培土进行追肥。

在整个香酥芋生长发育过程中，氮、磷、钾三要素在香酥芋体内对物质代谢的影响是相互促进、相互制约的。因此，香酥芋对氮、磷、钾的要求有一定的比例。钾肥的肥效，需要氮、磷的配合，氮、磷也同样如此。香酥芋对养分的吸收量，以钾、钙较多，其次为氮、磷、镁。

（2）浇水。香酥芋喜湿、忌干旱。苗期应保持土壤湿润，以利于出苗。齐苗后，保持土壤有足够水分，或土壤干燥后再浇足水，以利于发根。植株旺盛生长期，正处于高温干旱期，耗水量大，应多次浇水，保持土壤湿润。雨季要注意排水防涝。秋旱季节应适当多灌水，每5～7天灌水1次，有条件时可于畦面铺草，既可保湿降温，又有利于球茎生长发育。生长后期，适当少浇水，以维持土壤不干为度。

（3）培土除侧芽。子芋及孙芋是从母芋中下部发生的，而无论母芋、子芋还是孙芋都不断增加茎节，向上生长。若新茎抽出叶片，或者露出土面，则子芋变长变绿，消耗养分，降低品质，因此要适时进行培土。培土可促进发生不定根，提高抗旱能力，抑制顶芽生长。在较低温度和湿润的环境中，培土还有利于球茎发育肥大。在7月份，地上部迅速生长，芋头迅速膨大，子芋和孙芋开始形成，这时每20天左右培土1次，厚5～7 cm，农谚说“六月不壅，等于不种”就是这个意思。一般共培土2～3次，可结合中耕锄草施肥进行。每次培土在每株四周均匀加厚土层，这样香酥芋才能长得圆整端正。8月上旬最后一次重肥施下后，培土成垄或堆。

另外，对于易抽生侧枝的香酥芋品种，子芋、孙芋的顶芽易萌发出土抽生茎叶，使子芋瘦长，可结合中耕先将叶簇折倒，再培土。侧芽消耗养分，影响子芋生长，会形成过多的小母芋，所以要及早摘除多余的侧芽。

香酥芋田间长势如图5－2所示。

**4. 采收**

香酥芋的收获期受栽培季节、自然条件、市场需求等因素的影响。芋叶不耐霜，下霜前芋叶变黄衰败，根系枯萎，这是子芋采收的标志，此时球茎淀粉及各种营养物质含量最高，风味好，为最佳收获期。

图 5－2　香酥芋田间长势

采取保护地栽培的香酥芋于 9 月中下旬即可开始采收上市，但由于还没有达到真正意义上的成熟，子芋、孙芋个头小、品质一般，不能长期储藏，但经济价值很高，每亩产量在 500～800 g。采取小环棚栽培的，于 9 月下旬至 10 月上旬开始上市，每亩产量在 1 000～1 200 kg。采取露地栽培的，在 10 月下旬（初霜期以后）开始上市，每亩产量在 800～1 200 kg，但为防止后期低温霜冻对田间香酥芋品质的影响，应对越冬的香酥芋进行培土，培土厚度 5～10 cm，并开通田间排水沟，确保田间不积水。

**5. 储藏**

香酥芋须待子芋充分成熟、早霜后采收，稍经晾晒后再储藏。香酥芋喜潮湿的环境，但土壤湿度过高容易出现腐烂。储藏的适宜温度为 10～15 ℃；在 7 ℃以下会发生冷害，造成香酥芋内部组织变褐，表皮被微生物侵染而腐烂；低于 0 ℃会受冻；温度过高，超过 25 ℃也会腐烂、脱水。储藏要求的适宜相对湿度为 75%～85%，储藏香酥芋有宜湿不宜干之说，过干也会导致香酥芋腐烂。

（1）堆藏法。选背阴向阳、地势高处堆成圆形堆基，大小根据储量而定。先在堆基上垫一层厚度为 10～15 cm 的沙土，拍平踏实，再平铺 15～25 cm 厚的干稻草。堆中心插一把 8～10 cm 粗的芦苇秆进行通风换气，围着芦苇秆将香酥芋堆放于四周。芋头堆好后，在堆的外面先铺一层30～40 cm的厚稻草，再在上面覆一层20～30 cm的沙土，拍实成圆锥形。

芋头入堆初期，外界气温高，呼吸旺盛，应注意通风换气，使堆内温度不超过15 ℃，相对湿度在80%～90%。从芋头入堆到立春前后，通过芦苇通气孔或堆外加土等方式使堆温保持在10～15 ℃。开春后气温回升，但常有寒流，这时堆温要保持在12～14 ℃，晴天中午可去掉通风筒的泥巴，傍晚时再盖好。

（2）窖藏法。选地势较高处，挖深1 m、宽1～1.5 m、长2～3 m的窖，每窖可储藏香酥芋1 500～2 000 kg。具体方法：将从地里挖出的香酥芋晾晒1～2天后入窖；也可先运到较温暖干燥的室内暂放，到立冬前后入窖。入窖前先撒些硫黄粉，然后在窖底和四周用干燥的麦秸或稻草垫好，随后将芋头放入，堆至高30 cm左右，顶上呈弧形，上面盖一层10 cm左右的麦秸或稻草，随后盖土，厚约50 cm，并拍打紧实，呈馒头形。储藏期间保持窖温8～15 ℃、相对湿度80%左右，同时在窖的四周挖排水沟，做到四周无积水。可以通过调整覆盖土层的厚度及含水量的方法来调节温度和湿度。

# 5.2 香酥芋主要病虫害及其防治

## 5.2.1 主要病害

### 1. 污斑病

（1）病害症状（见图5－3）。污斑病仅为害叶片。病害通常从植株下部老熟叶片开始发生，并逐渐向上部叶片发展。发病初始叶面产生淡黄色斑，病斑扩大后呈淡褐色至暗褐色，呈近圆形或不规则形，直径0.3～1.0 cm，边缘不明显，叶背病部色淡，呈淡黄褐色。

田间湿度高时，病斑表面产生灰色霉层，即病菌的分生孢子梗及分生孢子。发生严重时病叶产生许多病斑，多个病斑相互连接成片，可布满整张叶片，使叶片变黄枯死。

（2）发生规律。病菌属弱寄生菌，以分生孢子及菌丝随病株残余组织遗留在田间越冬。在环境条件适宜时，分生孢子借气流及雨水反溅至寄主植物上，从叶片表皮直接侵入，进行初次侵染，并在受害的部位不断产生新生代分生孢子，借风雨传播，进行多次再侵染，扩大蔓延，加重为害。

病菌喜高温高湿的环境，适宜发病的温度范围为20～38 ℃；最适发病环境温度为25～32 ℃，相对湿度为90%以上；最适宜感病生育期在成株期至采收期。发病潜育期7～15天。

图 5－3　香酥芋污斑病症状

长江中下游地区香酥芋污斑病主要发病盛期在 7—10 月。夏、秋季多雨的年份发病重；田块间连作地，以及地势低洼、排水不良的田块发病较重；种植过密、偏施氮肥或缺肥的田块发病重。

（3）防治措施

1）茬口轮作。发病重的地块，提倡与其他作物实行 2～3 年轮作，以减少田间病菌来源。

2）清洁田园。及时摘除病、老叶，收获后清除病残体，带出田外深埋或烧毁。

3）加强肥水管理。合理施肥，增施磷、钾肥，不偏施氮肥，清沟排渍，以提高植株抗病能力。

4）化学防治。在发病初期开始喷药，每隔 7～10 天喷 1 次，连续喷 2～3 次。可选用 18% 戊唑醇微乳剂 1 000～2 000 倍液、75% 肟菌 · 戊唑醇水分散剂 3 000 倍液、25% 嘧菌酯悬浮剂 1 000 倍液、50% 啶酰菌胺水分散剂 1 000～2 000 倍液等交替喷雾防治。

**2. 炭疽病**

（1）病害症状。炭疽病主要为害叶片，也可为害球茎。

叶片染病，发病初始在叶片上产生水渍状暗色病斑，扩大后病斑褐色至暗褐色，为近圆形，四周具湿润的变色圈。天气干燥时病斑干缩成羊皮纸状，易破裂，上面轮生黑色小点，即病菌分生孢子盘。

球茎染病，病部出现圆形病斑，似漏斗状深入肉质根内部，无臭味，去皮后病部呈黄褐色。

（2）发生规律。病菌以分生孢子附着在球茎表面或以菌丝体潜伏在球茎内越冬，也可以菌丝体和分生孢子盘及分生孢子随病株残余组织遗留在田间越冬。条件适宜时，分生孢子通过气流、雨水或昆虫传播，由伤口或从寄主表皮直接侵入进行初侵染或再侵染。

病菌喜温暖潮湿的环境，适宜发病的温度范围为 8～35 ℃，最适发病环境日均温度为 25～30 ℃，相对湿度为 90% 以上；最适宜感病生育期为成株期至采收期。发病潜育期 3～7 天。高于 35 ℃高温天气可抑制病害的发生。在田间分生孢子需经雨水溅射才能分散开来，孢子在有水膜条件下萌发、入侵寄主。

长江中下游地区香酥芋炭疽病的主要发病盛期在 6—9 月。夏秋季温度偏高、多雨的年份发病重；田块间连作地，以及地势低洼、排水不良、土质黏重的田块发病重；种植过密、通风透光差、田块肥力多、偏施氮肥的田块发病重。

（3）防治措施

1）留种与种芋消毒。选用无病种芋，在无病田或无病株上采种。引进商品种芋在播前要做好种芋消毒，播种前用 50% 异菌脲可湿性粉剂 100～150 倍液浸种 8～10 分钟，然后取出播种。

2）农业防治。选择地势平坦、排水良好的沙质壤土种植。收获后及时清除残茬。

3）化学防治。在发病初期开始喷药，用药间隔期 7～10 天，连续防治 2～3 次。可选用 430 g/L 戊唑醇悬浮剂 3 000～4 000 倍液，40% 氟啶胺悬浮剂 1 000 倍液等交替喷雾防治。

**3. 软腐病**

（1）病害症状（见图 5－4）。软腐病为害叶柄基部及地下部球茎。叶柄受害，初生水浸状暗绿色病斑，无明显边缘，扩大后内部组织变褐色腐烂，叶片变黄或倒伏。球茎受害易发生腐烂。无论是发生在叶柄上还是球茎上，病部组织腐烂后，均发生恶臭。

（2）发生规律。病菌主要在种芋上越冬，又因寄主范围广，也可在其他的寄主植物病残体内越冬，但不能脱离病组织单独在土中生存。

病菌主要从伤口侵入为害。在高温条件下，如果叶柄基部或地下部球茎出现伤口，最易诱发本病。例如，施用的未腐熟有机肥在高温下进行发酵，就易使叶柄和球茎中毒受伤，被病菌侵入为害。

图 5-4　香酥芋软腐病症状

（3）防治措施

1）发病严重地块实行 2～3 年轮作。

2）选用无病种芋或经提纯复壮的品种。

3）加强田间管理，施用腐熟的有机肥料。发现田间出现发病状况时，应立即放水晒田，可选用20%噻菌铜悬浮剂 300～400 倍液、6%春雷霉素可湿性粉剂 300～400 倍液等浇根。

**4. 疫病**

（1）病害症状（见图 5-5）。疫病主要为害叶片，也为害叶柄及球茎。在叶片上初生褐色或黄褐色圆斑，边缘不明显，扩大后为浓淡相隔的大型轮纹状病斑，边缘不明显，周围常有暗绿色或黄绿色水浸状晕环。在潮湿的气候条件下，斑面长出稀疏的白色霉状物和米粒大小的蜜黄色的溢滴液，叶两面均有，但背面更明显。发病后期，病部组织干枯、脆裂和穿孔。严重时，大部分病部组织脱落，仅残留叶脉，病叶呈破伞状。在叶柄上，病斑呈长椭圆形，暗褐色，边缘不明显，表面也长出稀疏的白色霉状物。球茎被害症状则不易识别。

图 5－5　香酥芋疫病症状

（2）发生规律。病菌主要以菌丝体在被害部越冬，第二年环境条件适宜时，产生孢子囊，借风雨传播。孢子囊在有水滴或水膜的状况下，经 4～15 分钟即行萌发，产生游动孢子，其数目不一，一般为 4～20 个；也可以不产生游动孢子，而是直接产生 1 根或数根芽管。病菌侵入后，又在病斑上长出孢子囊，成熟后脱落，借风雨传播，进行再次侵染。在植株生长期间，病害不断地扩大蔓延。田间气候干燥时，病菌孢子囊的生活力只有几个小时，但在潮湿的状况下，经过 48 小时后仍然具有生活力和较高的萌发率。孢子囊萌发除要求高湿度外，其萌发方式与温度有关，在 27 ℃以上时多为直接萌发，产生芽管；在 10～22 ℃范围时，多产生游动孢子；但低于 10 ℃时，大多数孢子囊极易丧失活力。

香酥芋疫病多发生于多雨而温度偏低的环境；天气干燥、少雨，病害发生轻或少发生。此外，地势低洼、渍水地、通风透光不良等栽培条件下的植株，病害发生也较重。

（3）防治措施

1）选用无病种芋或从无病区采种。

2）发病严重地块实行 3～5 年轮作。

3）加强田间栽培管理，合理施肥，增施磷钾肥；株行间通风透光要良好；收获后彻底清除留在地上的病残体，集中烧毁。

4）发病初期，可选用68.75 g/L 氟吡菌胺·霜霉威盐酸盐悬浮剂600～700倍液防治。

## 5.2.2 主要虫害

**1. 夜蛾类害虫**

夜蛾类害虫防治方法见芦笋的虫害防治部分。

**2. 蛴螬**

（1）形态特征

1）成虫。体长18～21 mm，宽8～10 mm，全身具铜绿色金属光泽。

2）卵。乳白色，初产时长椭圆形，长约1.8 mm，宽约1.4 mm。

3）幼虫。如图5－6所示，体长30～33 mm，头部前顶毛每侧8根，后顶毛10～14根。臀节腹面具刺毛2列，每列由13～14根刺组成。肛门孔横裂。

4）蛹。体长约20 mm，宽约10 mm，淡黄色，体略向腹面弯曲，羽化前头部色泽变深，复眼变黑。

图5－6 蛴螬幼虫

（2）发生与为害。蛴螬年发生一代，以三龄幼虫在土中越冬。常年6月上旬初见成虫，6月中下旬至7月上旬为发生高峰期，6月下旬开始产卵，7月为幼虫孵化高峰期。幼虫经过4～5个月的生长发育，全部进入三龄越冬。至次年4月前后，越冬幼虫又上移到土表继续为害取食，形成春、秋两季为害。

成虫夜出活动，对黑光灯有较强的趋光性。适宜成虫活动的气温为25 ℃以上，相对湿度为70%～80%。成虫在闷热、无雨无风的夜晚活动最盛，低温或雨天活动较少。成虫喜群集在杨、柳、枫杨等树上取食或交尾，夜间9—10时达活动高峰，后半夜逐渐减少，次日清晨又潜回土中。越冬成虫羽化后不久即可交尾产卵，雌虫在菜田产卵，多散产在根系附近，每头雌虫平均可产卵40粒左右。卵期为10天左右，一二龄幼虫期25天左右，三龄幼虫期长达280天左右。幼虫老熟后，在土表20～30 cm深处作土室，经预蛹期后化蛹。预蛹期13天，蛹期9天。

适宜蛴螬生长发育的温度范围为10～25 ℃，最适土温为18～22 ℃。幼虫活动与土壤温度密切相关，地表到10 cm深处土温在20 ℃左右最适合蛴螬活动，当地表到10 cm深处土温在10 ℃左右时，蛴螬下潜到10 cm以下土中栖息，田间为害显著减轻。当地表温度降至6 ℃以下时，蛴螬可下潜到30～40 cm深处土中越冬。

上海地区蛴螬的盛发期在7—10月。幼虫取食植物的地下部分，尤其喜食柔嫩多汁的根、茎及刚萌动发芽的种子，影响植株的长势，造成幼苗枯死，严重时造成缺苗断垄。在作物茬口布局、栽培管理上，水旱轮作田蛴螬为害轻，连年旱作地为害重；前茬作物为大豆、花生茬，则后茬作物受害重；施用未经腐熟厩肥的田块受害重。

（3）防治措施

1）农业防治。在菜园周围荒地清除丛生杂草，冬前适时耕翻土地，灭杀越冬幼虫。在栽培条件许可的情况下，进行水旱轮作或适时灌水杀灭幼虫。

2）诱杀成虫。在成虫发生期用黑光灯诱杀，或夏秋季成虫聚集于房前屋后零散树木或篱笆上取食时，及时人工捕捉，对减轻蛴螬的为害有一定的作用。

3）化学防治。每亩可选150亿孢子/g球孢白僵菌可湿性粉剂300～400 g与5 kg黄沙均匀拌和，在播种前条撒于种子播种沟内。

每年7—9月，对易受蛴螬为害的作物，可在根部用5%氯虫苯甲酰胺悬浮剂1 000倍液进行浇根防治，每株50～150 g药液。

**3. 棉蚜**

棉蚜防治方法见红皮马铃薯的瓜蚜防治部分。

# 5.3 香酥芋留种技术

## 5.3.1 留种方法

**1. 去杂除劣留种法**

该方法主要应用在退化现象较轻的留种田。在整个生育期间，应积极清理病株、杂株，至少进行3次以上田间选种：第一次应在出苗后15天进行，主要目标是将不符合本品种特性的植株全部清理；第二次应选择在封行期，对长势不一致、抗病性差、茎的颜色表现不一、分枝性差的植株清理掉；第三次是在收获前进行，主要将发育慢或已经枯死的病株清理掉，并在采收后对种芋进行再次筛选，将畸形及发生病害的种芋去除，将具有本品种典型性状的种芋妥善处理后收储。

**2. 单株混合留种法**

根据香酥芋品种特性，对从生产区域中选出的优良个体，以每一单株后代为单位进行比较、鉴别，去劣留优，选出最优良的株（系）。对入选的成熟期、株高、茎、叶、叶色等性状相似的优良个体进行混合保存，下一年混合播种。经过3~5年反复筛选，即可将这些种子用于生产。混合选择所获得的后代，是很多相似单株后代的群体，通过一代一代的选育，进一步优化和纯化种性，最终可达到优质、抗病性强和高产的目标。

**3. 株系选种法**

通过不断提纯复壮，对不同年份、同一品系中的抗病性和高产性植株进行不断株系选择，优中选优进行单株筛选，不断扩大其优势，逐步提高其品种的纯度，并不断进行单株群体繁育。

## 5.3.2 采收与储藏

留种的种芋，应选无病健壮植株上芋形完整、组织充实的香酥芋，待充分成熟后采收。采收前6~7天在叶柄基部6~10 cm处割去地上部，待伤口干燥愈合后，在晴天采收。采收时整株挖起，晾干表面水分，除去残叶和须根，然后晾晒1~2天，清理种芋四周的泥土，选择高燥温暖地方进行储藏，使堆内温度稳定在10~15 ℃；也可以采取不采收，直接在田间越冬的方式进行留种。

种芋窖藏法：窖要选地势高，排水好，向阳通风处，窖深60 cm左右，大小1~1.3 m见方或直径1~1.3 m。窖底及四周用麦秆或稻草垫好，将整株香酥芋一株株地倒放在窖内，一直堆出地面30~35 cm，顶上呈弧形，上面盖一层较厚的麦秆或稻草，再盖上30~35 cm泥土，最好在泥堆上搭“人”字形草棚，以防雨涝。窖四周开沟，以利排水。窖底开十字形沟，盖上细秆，沟中间竖一根毛竹筒或一束芦苇，通至窖外作通气孔。储藏初期不要堵塞通气筒，小寒后才将通气筒堵塞，开春后再将通气筒打开。清明前后可开窖取种。为保持鲜度，最好在开窖后的2~3天内播种完毕。

# 第6章

## 白扁豆

白扁豆又称棉豆、荷包豆、洋扁豆、莱豆等，属豆科莱豆属，原产于南美洲热带地区，喜高温。我国白扁豆种植区域主要分布在长江以南，但只是零星种植。白扁豆在上海已有100多年的栽培历史。白扁豆因白皮、白肉、白脐而得名，种子肥大，品质优良，清香软糯，味鲜而香，可与莲子比美，是深受国内外消费者欢迎的一种豆类蔬菜，有“豆中之王”之美称。崇明现有白扁豆的种植面积约2 000亩，主要分布于中兴镇、向化镇、三星镇、庙镇等。

# 6.1 白扁豆栽培技术

## 6.1.1 特征特性

白扁豆从直播至采收整个生育期为200~240天。该品种生长势优，分枝能力强。主茎长2.2~3.5 m，节间长11~16 cm；小叶宽卵形，全缘，叶面光滑，三出复叶；茎圆形，直径为0.1~0.15 cm；花为蝶形花，总状花序腋生，以自花授粉为主。如图6-1所示，果荚长5~8 cm，每荚重量为5~10 g，每荚的种子数2~4粒，鲜籽粒呈青绿色或淡粉色，并逐步转变成白色或紫红色，干籽粒种皮白色或红色，种脐白色，干粒种子单重1.8~2.5 g。大棚栽培在1月中下旬播种育苗，2月下旬定植，5月上旬至11月中旬采收，亩产量为500~800 kg。露地栽培在3月中旬至5月上旬播种，6月中旬可开始采收，至11月上中旬初霜期来临时结束，亩栽密度3 500~4 000株，亩产量为800~1 000 kg。

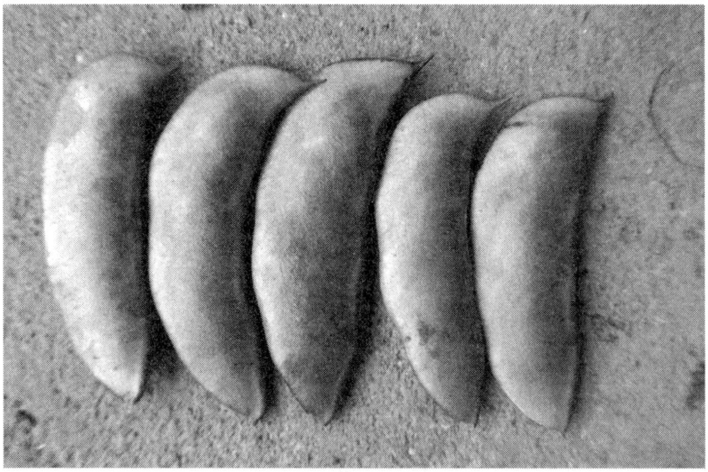

图6-1 白扁豆

### 6.1.2 栽培技术

**1. 大棚栽培技术**

大棚栽培白扁豆如图 6－2 所示。

图 6－2 大棚栽培白扁豆

（1）品种选择。选用优质高产、抗病性强、商品性好，经提纯复壮的本地白扁豆品种。

（2）播种育苗。播种前配制好营养土并对白扁豆种子进行粒选。营养土的配制比例为菜园土 7 份、腐熟有机肥 3 份，并按总重量的 0.3% 加入过磷酸钙，按总重量的 0.065% 加入 50% 多菌灵可湿性粉剂，充分拌匀后闷 24 小时，晾开堆放 7～10 天。粒选标准：种子粒大、饱满、有光泽、色深、无病虫为害。

播种时，每钵播 1 粒种子，播后浇足底水保湿，上覆 0.5～1.0 cm 细泥，再覆盖地膜保湿增温，然后搭塑料小环棚。种子出苗前不揭膜，温度控制在 25 ℃以上；待 50% 以上种子破土后揭膜，出土后温度保持在 20 ℃左右，最高不超过 25 ℃，最低不低于 15 ℃。保持苗床湿润。平常加强通风换气。定植前 4～5 天进行蹲苗，把苗床温度降低到 10～15 ℃，以锻炼幼苗。壮苗标准：叶色浓绿，苗龄 25～30 天，真叶二叶一心至三叶一心，生长整齐。

（3）整地施肥。选择地势高而平坦、富含有机质的沙质壤土。越冬前对土壤进行冬翻，定植前1个月进行整地作畦。每亩施商品有机肥1 000～1 500 kg、45%复合肥30～35 kg、过磷酸钙25～30 kg作基肥，然后进行机械翻耕，作畦宽1.8 m（连沟），沟深15～20 cm，畦面覆盖地膜，做好三沟配套，以利于排水灌溉。

（4）定植。于2月下旬定植于大棚内，每畦种2行，穴距45～50 cm，密度3 500～4 000株。定植时营养钵稍低于畦面，定植后随浇活棵水，并用细土封严定植孔，加盖小环棚保温。

白扁豆田间定植苗如图6－3所示。

图6－3　白扁豆田间定植苗

（5）田间管理

1）温度管理。定植一周内不通风，促进发苗。缓苗后小环棚早揭夜盖，保持棚内温度在20～25 ℃，不低于15 ℃；当棚温达到25 ℃以上时，及时开棚通风换气。当气温稳定在15 ℃以上时，可拆除小环棚，同时注意大棚通风。由于定植时正处于低温阶段，如遇极端低温，应加强保温工作，可采用小环棚加盖无纺布等多层覆盖方式。

2）肥料管理。应遵循“花前少施、花后多施、结荚期重施”的原则，肥料种类应注意氮、磷、钾肥的合理搭配使用。具体做法：开花前视植株生长情况进行追肥，一般植株生长健壮可不追肥，如植株明显生长缓慢、叶色黄，则追施1次速效氮肥，每亩追施尿素5～10 kg；当植株开花结荚以后，追肥3～5次，每亩每次追施尿素5～8 kg或45%复合肥8～10 kg左右，促进植株生长，多开花，多结荚；当白扁豆采收至穗顶上部时，应重施开花肥，每亩施尿素15～20 kg、钾肥8～10 kg（或45%复合肥10～15 kg）。

3）水分管理。白扁豆根系发达，耐旱力强，抽蔓后耐涝力强，因此田间管理上应注意保持田间湿润。

4）搭好棚架。幼苗期结束，拆除小环棚，及时搭棚架。由于白扁豆枝叶繁茂，棚架质量会直接影响扁豆产量。棚架高度以1.5～1.8 m为宜，两头竖水泥桩，中间每40～50 cm加一档毛竹，然后用铁丝横拉搭成篱笆式。

5）整枝引蔓。白扁豆抽生后要及时引蔓，使茎蔓均匀分布在篱架上，每穴留2～3株主蔓。当主蔓长到1.5 m高时，可整枝打顶，主蔓中、上部长出的侧枝要及时摘心。主蔓第1花序以下各节位的侧芽应全部清理掉，促进早开花；第1花序以上各节位，多数既有花芽又有叶芽，应及时摘除叶芽，以促进花芽生长。当茎蔓爬满时，可在晴天将子蔓、孙蔓抽出的分枝全部摘除，以后每隔5～7天整理1次，有利于改善田间小气候，增加光照和利于结荚。

（6）采收。当豆荚饱满，外表有光泽，种子已有明显显露时即可采收，采收期一般为5月上旬至11月中旬。采收时，不要损伤花序上的其他花蕾或幼荚，更不能连花带柄一起摘下。正确方法是：一手按住豆荚基部，另一手轻轻摘下。每2～3天采收1次。

**2. 露地栽培技术**

露地栽培白扁豆如图6－4所示。

（1）品种选择。选用优质高产、抗病性强、商品性好，经提纯复壮的崇明本地品种。

（2）整地施肥。选择地势高而平坦、富含有机质的壤土或沙质壤土。越冬前对土壤进行深翻，播种前1个月进行整地作畦，每亩施腐熟有机肥1 500～2 000 kg或商品有机肥800～1 000 kg，另加45%蔬菜专用复合肥50 kg，然后进行机械翻耕，作宽1.8 m（连沟）的畦。畦面地膜覆盖，四周开好深沟，沟两边可覆盖地布，以控制杂草生长，也有利于灌排水和田间操作。

（3）播种。一般在4月中上旬直播，每畦2行，小行距80 cm，每穴播2～3粒种子，播种深度3～5 cm，穴距40 cm，上覆盖细泥，轻轻踏实。每亩定植密度为4 000株左右。

（4）搭好棚架。当白扁豆苗长至5叶至6叶时，及时搭架引蔓。以2 m左右的竹竿或芦苇秆搭成人字形架，在人字形架之间用绳子布2～3排平行架，以便于茎蔓向上爬，中

图6－4　露地栽培白扁豆

间每隔2 m左右用比较粗壮的毛竹或木杆作柱子加固棚架。

（5）整枝引蔓。白扁豆抽蔓后要及时引蔓，使茎蔓均匀分布在棚架上，每穴留3～4根主蔓。当主蔓长到1.8～2.0 m时即可整枝打顶，主蔓中上部长出的侧枝要及时摘心。主蔓第1花序以下各节位的侧芽全部清理掉，促进早开花；第1花序以上各节位，多数既有花芽又有叶芽，在株叶繁茂处，应及时摘除叶芽，以促进花芽生长。当茎蔓爬满时，每隔5～7天剪除多余的子蔓和孙蔓。

（6）肥料管理。应掌握“花前少施、花后多施、结荚期重施”的原则。具体施肥方法：由于基肥用量较大，开花前不建议施肥。当植株出现结荚后，每亩追施45%复合肥5～10 kg，以促进植株的正常生长，确保多开花，多结荚。以后每间隔10～15天，每亩施45%复合肥10～15 kg，施肥方法以穴施或开沟条施为主。

（7）采收。白扁豆豆荚首先发育膨大，至荚长到固有大小时，种子才充实起来。当豆荚饱满，种子长至固有的大小，外表有光泽，种子在豆荚内呈固有的饱满度，种子的颜色由淡绿色转化成白色或绿色时，即可采收，采收时期一般为6月中旬至11月上中旬初霜期来临时。

**3. 留种**

白扁豆为自花授粉植物，异花授粉率在0.2%～5%。一般情况下，开花20～30天时即可开始采收豆荚。开花后15天的种子完全没有发芽能力，20天的种子发芽率达10%～20%，25天的种子发芽率为40%～50%，30天的种子发芽率为50%～60%，35天的种子发芽率为90%～95%。不宜选用早期结荚的豆荚作种，因为早期天气不正常，对豆荚品质有一定的影响。留种时选用强壮无病植株中部和上部的荚果。秋季后期开花结荚形成的种子不充实，可能没有充分成熟，不宜留种。种株除留种外，其余嫩株应及时摘掉。种荚采收后宜进行后熟。当豆荚由青绿色转向黄色时，应及时采收，不要在植株上进行后熟，成熟豆荚长期挂在植株上，一方面遇到雨天会在荚内发芽腐烂，另一方面会影响后期豆荚的生长发育。对于播种用的种子，尽可能选用前一年的秋季采收的种子，因为秋季采收的种子比较充实饱满、发芽率高、出苗整齐。如果选用陈种子，对种子的发芽率影响很大。

# 6.2　白扁豆主要病虫害及其防治

## 6.2.1　主要病害

**1. 花叶病毒病**

（1）病害症状（见图6－5）。白扁豆花叶病毒病为系统性病害，症状主要出现在花前或花后的生育期。病株叶片表现为微淡黄绿相间的斑驳，叶片变小或明脉，心叶不舒展或节间缩短。病株比正常植株矮小。

（2）发生规律。病毒主要吸附在种子上越冬，并成为来年初侵染源。播种带病毒的种子，出苗后幼苗即可发病。病毒通过蚜虫、汁液接触或整枝打杈等田间管理的农事操作传播至寄主植物上，从寄主伤口侵入，进行多次再侵染。

病毒喜高温干旱的环境，适宜发病的温度范围为15～38 ℃；最适发病环境温度为20～35 ℃，相对湿度为80%以下；最适宜感病生育期为五叶至坐果中后期。发病潜育期10～25天。一般持续高温干旱天气有利于病害发生与流行。

长江中下游地区白扁豆花叶病毒病的主要发病盛期在5月下旬至10月。早春温度偏高、少雨、蚜虫发生量大的年份发病重；入秋迟、温度偏高、少雨、蚜虫多发的年份发病重；田块间连作地、周边毒源寄主多的田块发病较早较重；种植过密、田间农事操作不注意防止传播病毒、肥水不均、偏施氮肥的田块发病重。

图 6－5　白扁豆花叶病毒病症状

（3）防治措施

1）选栽抗病品种。选用经选育的抗病性强的白扁豆品种。

2）选留种和种子消毒。建立无病留种田，及时拔除病株。从无病留种株上采收种子。

3）种子消毒。引进商品种子，要实施种子消毒。将干种子放入 70 ℃的恒温箱中，干热处理 72 小时，检查发芽率正常后备用；或播前用清水浸泡种子 3～4 小时，再放入 10%磷酸三钠溶液中浸 20～30 分钟，捞出洗净后催芽。

4）加强栽培管理。适时播种、培育壮苗，不定植病苗、弱苗，合理密植。适时调控水肥，增施磷、钾肥，促进植株生长健壮，提高抗病能力。

5）防止传播病毒。在蚜虫发生初期，及时用药防治，防止传病虫媒传播病毒。农事操作中，接触过病株的手和农具，应用肥皂水冲洗，防止接触传染。

6）化学防治。在育苗期就要注意防病，出苗二叶一心期至株高 50 cm 是预防侵染感病的关键时期，每隔 7～10 天用药 1 次，连续喷雾防治 3～5 次，苗期长、病毒传播媒介发生重的还需视苗情增加喷药次数，以减少感染，增强植株抗病性。可选用 8% 宁南霉素水剂 300～400 倍液喷雾防治。

**2. 红斑病**

（1）病害症状（见图 6－6）。白扁豆红斑病主要为害叶片，也能为害豆荚。

叶片染病，病斑呈圆形、近圆形或不规则形，红色至红褐色，边缘明显。潮湿时，病斑背面密生灰色霉层，即病菌的菌丝体。发病严重时，叶片布满病斑，致使叶片早枯。

豆荚染病，病斑较大，呈红褐色不规则形，中央褐色，后期密生灰黑色霉层。

图 6－6　白扁豆红斑病症状

（2）发生规律。病菌以菌丝体或分生孢子随病株残余组织遗留在田间越冬，也可由种子带菌越冬。在环境条件适宜时，分生孢子通过气流传播或雨水反溅至寄主植物上，从寄主表皮直接侵入，引起初次侵染，并在受害的部位产生新生代分生孢子，飞散传播，进行多次再侵染，加重为害。

病菌喜高温高湿的环境，适宜发病的温度范围为 18～35 ℃；最适发病环境温度为 25～32 ℃，相对湿度为 85% 以上；最适宜感病生育期为开花结荚期。多雨有利于病害迅速扩展蔓延，尤其是连续阴雨或雨后高温暴晒，易引发病害。

长江中下游地区红斑病的主要发病盛期在 5—10 月。梅雨期多雨、夏秋高温多雨的年份发病重；田块间连作地、排水不良的田块发病较重；种植过密、通风透光差、偏施氮肥的田块发病重。

（3）防治措施

1）种子消毒。在无病株上留种。商品种子在播种前，将干种子用 2.5% 咯菌腈悬浮种衣剂包衣，包衣使用剂量为种子重量的 3‰～4‰，包衣后晾干播种。

2）茬口轮作。在重病地与非豆科作物进行轮作。

3）清洁田园。定期整枝、打老叶、摘除病叶，带出田外深埋。收获后及时清除病残体，深翻土壤。

4）加强田间管理。合理密植，科学施肥，高畦栽培，定期清理排水沟系，防止雨后积水引发病害。

5）化学防治。在发病初期开始喷药，用药间隔期 7～10 天，连续防治 2～3 次。可选用 30% 苯醚甲环唑·丙环唑乳油 2 000 倍液、250 g/L 吡唑醚菌酯悬浮剂 2 000 倍液、430 g/L 戊唑醇悬浮剂 3 000～4 000 倍液、75% 肟菌·戊唑醇水分散剂 3 000 倍液、25% 嘧菌酯悬浮剂 1 000 倍液、18% 戊唑醇微乳剂 1 500～2 000 倍液等喷雾防治。

**3. 炭疽病**

（1）病害症状（见图 6－7）。白扁豆炭疽病主要侵染叶片、叶柄、茎蔓、豆荚和种子。白扁豆在苗期和成株期均可染病。

苗期染病，子叶边缘出现浅褐色至红褐色的凹陷斑。田间湿度高时，病斑上长出粉红色黏稠物。

叶片染病，发病初期叶片出现黑褐色小点，后病斑沿脉扩大成赤褐色至黑色不规则形小条斑。

叶柄和茎蔓染病，出现凹陷状褐色至红褐色病斑。

豆荚染病，初生褐色小点，扩大后为近圆形至长圆形凹陷斑，黑褐色至黑色，边缘明显。

种子染病，病斑呈黄褐色至暗褐色。

图 6－7　白扁豆炭疽病症状

（2）发生规律。病菌主要以菌丝体随病株残余组织遗留在田间越冬。播种带菌的种子，幼苗即可发生染病，产生的分生孢子借雨水和昆虫进行传播。越冬菌丝体在环境条件适宜时产生分生孢子，通过雨水反溅至寄主植物上，从寄主表皮直接侵入，引起初次侵染。经潜育后出现病斑，在病斑上就会产生新生代分生孢子，进行多次再侵染。

病菌喜温暖高湿的环境，适宜发病的温度范围为6～35 ℃；最适发病环境日均温度为21～30 ℃，相对湿度为100%；最适宜感病生育期为苗期、结荚期至采收期。

长江中下游地区扁豆炭疽病的主要发病盛期在5月中旬至9月上旬，闷热多雷阵雨的年份发病偏重，田间地势低洼、地面潮湿的田块发病重，种植过密、通风差、不透光、偏施氮肥的田块易诱发病害。

（3）防治措施

1）留种与种子消毒。从无病留种株上采收种子。引进商品种子，干种子用2.5%咯菌腈悬浮种衣剂包衣，包衣使用剂量为种子重量的3‰～4‰，包衣后晾干播种。

2）茬口轮作。实行与非豆科蔬菜2年以上轮作，以减少田间病菌来源。

3）加强田间管理。开好排水沟系，防止土壤过湿和雨后积水引发病害，精耕细作，合理密植，科学施肥，控制浇水。

4）清洁田园。苗期发现病株，立即拔除；收获后及时清除病残体，深翻土壤，加速病残体的腐烂分解，减少田间残留菌源。

5）化学防治。在发病初期开始喷药，用药间隔期7～10天，连续防治2～4次，重病田视病情发展，必要时还可增加喷药次数。可选用50%咪鲜胺可湿性粉剂1 000～1 500倍液、250 g/L吡唑醚菌酯悬浮剂2 000倍液、40%氟啶胺悬浮剂600倍液、30%苯醚甲环唑·丙环唑乳油2 000倍液、430 g/L戊唑醇悬浮剂3 000～4 000倍液等喷雾防治。

### 6.2.2 主要虫害

**1. 豆荚螟**

（1）形态特征

1）成虫。体长10～12 mm，翅展20～24 mm，灰褐色。触角丝形，前翅狭长，从肩角至翅尖近前缘处有一明显白色纵带，近翅基1/3处有1条金黄色宽横带。

2）卵。椭圆形，长约0.5 mm。卵壳表面密布不规则网状突起，初产时乳白色，后逐渐变红色，孵化前一天呈淡黄色。

3）幼虫。共5龄。老熟幼虫体长14～18 mm，幼虫体色多变，初孵化时橘黄色，渐转白色至绿色，老熟时背面紫红色，腹面绿色，如图6－8所示，结茧后又变为黄绿色。一至三龄幼虫前胸有“山”字形黑斑纹，四至五龄幼虫前胸有“火”字形黑斑纹。

4）蛹。蛹长椭圆形，长约14 mm，宽约7 mm，白色丝质，外附土粒。

图 6－8　豆荚螟幼虫

（2）发生与为害。豆荚螟在长江中下游地区年发生 4～5 代，多以老熟幼虫在寄主植物附近或晒场周围的土表下 1～5 cm 深处结茧越冬。3 月下旬越冬幼虫开始化蛹，4 月上中旬陆续羽化，4—5 月即可见幼虫为害豌豆，以后为害夏、秋播大豆，11 月前后以老熟幼虫越冬。

成虫具夜出性，对黑光灯有较弱的趋光性。白天隐藏于豆田或田边杂草上，傍晚开始寻偶、交尾、产卵活动。羽化后当日就可交尾，隔日开始产卵，成虫寿命 7～12 天。卵单产，雌虫喜欢选择豆荚多毛的品种，产卵时分泌黏液，将卵斜插在荚毛之间。卵多数散产在豆荚上，以上、中部膨粒前期的豆荚上着卵最多，单荚受卵量 1～3 粒，最多时可达 10 多粒。在扁豆未结荚时，卵也产在幼嫩的叶柄、花柄、嫩芽及嫩叶背面。平均每头雌虫可产卵 80 余粒。卵多在白天孵化，初孵化的幼虫先在荚面爬行，寻找适当的蛀入部位，然后在蛀入点荚面吐丝作约 1 mm 长的白色小囊，藏身囊内，仅伸出头部逐渐咬蛀入荚。虫体蛀入荚后，随即分泌胶液封闭孔口。三龄以上幼虫可转荚为害，幼虫还可蛀入豆株茎内为害，一般 1 头幼虫可转荚为害 1～3 次，可食害豆 3～5 粒。老熟后在荚上咬孔洞爬出，落至地面，潜入植株附近的土下 3 cm 左右深处吐丝作茧化蛹。

适宜豆荚螟生长、发育、繁殖的温度范围为 20～35 ℃，最适温度为 26～30 ℃，相对湿度在 70%～80%，土壤含水量为 10～15%。卵的发育起点温度 13.9 ℃，幼虫的发育起点温度 15.2 ℃，蛹的发育起点温度 14.6 ℃。在 29～30 ℃下，卵历期 3～5 天，幼虫历期 10～12 天，蛹历期 9～11 天。

上海地区豆荚螟的盛发期在 7—9 月，以幼虫在豆荚内蛀食豆粒。受害豆粒轻者不能食用，重者豆粒全被食空，严重影响产量和品质。

(3) 防治措施

1) 农业防治。在豆荚螟为害严重地区，合理规划茬口布局，应避免豆类作物多茬口混种、与豆科绿肥连作或邻作，最好采用与水稻轮作或与玉米间作。

2) 选用抗虫品种。应选用经提纯复壮的抗病性强的品种。

3) 性诱成虫。在发生始盛期应用豆荚螟性诱剂诱杀成虫。

4) 化学防治。从扁豆进入开花期到花期结束，应适时定期用药，一般连续防治2次。可选用5%氯虫苯甲酰胺悬浮剂1 000倍液、25 g/L多杀霉素悬浮剂1 000～1 500倍液、10%虫螨腈悬浮剂1 000～1 500倍液、150 g/L茚虫威悬浮剂3 000倍液等，于上午9时左右开花前对花进行喷雾防治。

**2. 豆蚜**

(1) 形态特征

1) 无翅胎生雌蚜。体长1.8～2.4 mm，体肥胖，体色黑色、浓紫色，少数墨绿色，具光泽，体披均匀蜡粉。中额瘤和额瘤稍隆。触角6节，比体短，第一、第二节和第五节末端及第六节为黑色，余黄白色。腹部第一至第六节背面有一大型灰色隆板，腹管黑色，长圆形，有瓦纹。尾片黑色，圆锥形，具微刺组成的瓦纹，两侧各具长毛3根。

2) 有翅胎生雌蚜。体长1.5～1.8 mm，体黑绿色或黑褐色，具光泽。触角6节，第一、第二节黑褐色，第三至第六节黄白色，节间褐色，第三节有感觉圈4～7个，排列成行。其他特征与无翅胎生雌蚜相似。

3) 若蚜。分4龄，呈灰紫色至黑褐色。

(2) 发生与为害。豆蚜在长江流域年发生20代以上，冬季以成、若蚜在蚕豆、冬豌豆或紫云英等豆科植物心叶或叶背越冬。当月平均温度8～10 ℃时，豆蚜在越冬寄主上开始正常繁殖。4月下旬至5月上旬，成、若蚜群集于留种紫云英和蚕豆嫩梢、花序、叶柄、荚果等处繁殖为害；5月中下旬以后，随着植株的衰老，产生有翅蚜迁向夏秋刀豆、豇豆、扁豆、花生等豆科植物上寄生繁殖；10月下旬至11月，随着气温下降和寄主植物的衰老，又产生有翅蚜迁向紫云英、蚕豆等越冬寄主上繁殖并在其上越冬。

豆蚜对黄色有较强的趋性，对银灰色有忌避习性，且具较强的迁飞和扩散能力。在适宜的环境条件下，每头雌蚜寿命可长达10天以上，平均胎生若蚜100多头。全年有两个发生高峰期，即5—6月、10—11月。

适宜豆蚜生长、发育、繁殖的温度为8～35 ℃，最适温度为22～26 ℃，相对湿度为60%～70%。在12～18 ℃，若虫历期10～14天；在22～26 ℃，若虫历期仅4～6天。

上海地区豆蚜可周年发生，但夏季发生较轻。常以成、若蚜群集于嫩茎、幼芽、顶端嫩叶、心叶、花器及豆荚处吸取汁液。受害严重时，植株生长不良，叶片卷缩，影响开花结实。又因该虫大量排泄“蜜露”，易引起煤污病，使叶片表面铺满一层黑色霉菌，影响光合作用，使结荚减少，千粒重下降。

（3）防治措施

1）黄板诱杀。利用有翅蚜有趋黄的特性，在有翅蚜迁飞期于田间设置含有植物源诱剂的黄板，每亩悬挂 25 ~ 30 张，诱杀有翅蚜。

2）生物防治。保护地栽培中，在豆蚜发生初期释放喜捕食蚜虫的瓢虫、草蛉等天敌。

3）化学防治。在田间蚜虫点片发生阶段要重视早期防治，连续用药 2 ~ 3 次，用药间隔期 10 ~ 15 天。可选用 25% 噻虫嗪水分散粒剂 6 000 ~ 8 000 倍液、40% 啶虫脒水分散粒剂 3 000 ~ 4 000 倍液、20% 啶虫脒乳油 1 500 ~ 2 000 倍液、0.5% 苦参碱水剂 500 倍液、22% 氟啶虫胺腈悬浮剂 2 000 倍液、5% 桉油精可溶液剂 300 倍液等喷雾防治。

**3. 大豆卷叶螟**

（1）形态特征

1）成虫。体长约 10 mm，翅展 18 ~ 24 mm，黄褐色。胸部两侧有黑纹，前翅黄褐色，有 3 条黑褐色波状横纹，近基部 1 条横纹外方与中间一条横纹的三分之一处有一黑点。后翅外缘黑色，有 2 条黑褐色波状横纹。

2）卵。椭圆形，淡绿色。

3）幼虫。幼虫共 5 龄，老熟幼虫体长 15 ~ 17 mm，淡绿色。

4）蛹。长约 12 mm，褐色。

（2）发生与为害。大豆卷叶螟在长江流域地区年发生 2 ~ 3 代。上海地区常年在 5 月上中旬羽化为成虫。11 月前后以老熟幼虫在枯枝卷叶内化蛹越冬。

成虫夜出活动，有趋光性，但对黑光灯的趋光性较弱。成虫寿命 7 ~ 15 天，产卵前期 2 ~ 3 天，喜在生长茂密的豆田产卵，一般散产叶背，每头雌蛾平均产卵量在 40 ~ 70 粒。幼虫孵化后即吐丝卷叶或缀叶，潜伏在叶卷内取食，老熟幼虫在卷叶内化蛹或钻出被害叶后在落地的枯叶内化蛹。

适宜大豆卷叶螟生长发育的温度范围为 18 ~ 37 ℃，最适温度为 22 ~ 34 ℃，相对湿度为 75% ~ 90%。卵历期 4 ~ 7 天，幼虫历期 8 ~ 15 天，蛹历期 5 ~ 9 天。

上海地区大豆卷叶螟的盛发期在 8—10 月，以幼虫卷叶、缀叶、食害叶片，影响作物的光合作用，严重时全株有 50% 的叶片受害，影响结荚的饱满度，使品质下降。

（3）防治措施

1）清洁田园。作物采收后，及时清除田间枯株落叶，集中起来焚烧，减少虫源基数和越冬幼虫数。

2）人工捕杀。在虫害发生初期，摘除豆株上卷叶，带出田外集中处理或随手捏杀卷叶内的幼虫。

3）化学防治。在各代进入卵孵始盛期（此时约有1% ~2%的豆株有卷叶为害症状）开始防治2次，每隔7 ~10天喷防1次。可选用150 g/L 茚虫威悬浮剂3 000倍液、10%虫螨腈悬浮剂1 000 ~1 500倍液、25 g/L 多杀霉素悬浮剂1 000 ~1 500倍液等喷雾防治。

**4. 叶螨**

（1）形态特征

1）雌成螨。体长0.48 ~0.55 mm，宽0.32 mm，椭圆形，体色常随寄主而异，多为锈红色至深红色，体背两侧各有1块倒“山”形黑褐色斑，肤纹突三角形至半圆形。

2）雄成螨。体长0.35 mm，宽0.2 mm，前端近圆形，腹末稍尖，体色较雌成螨浅，阳具端锤较小，其远近两侧突起皆尖。

3）卵。圆球形，长0.13 mm，初产无色透明，后渐变为浅黄至深黄色，孵化前转微红色。

4）幼螨。近圆形，长约0.15 mm，有足3对。

5）若螨。4对足，与成螨相似。

（2）发生与为害。在长江中下游地区年发生18 ~20代，世代重叠严重。以成螨在杂草或豌豆、蚕豆等作物上越冬，或在枯枝落叶内、树皮缝中、土中或杂草丛中越冬。翌春气温回升至10 ℃以上，即开始活动并大量繁殖。一般3—4月先在杂草或其他寄主上取食，于4月下旬至5月上中旬迁入菜田，6—8月是为害高峰期，10月中下旬开始越冬。成虫羽化后即交配，一生可多次交配，交配后第二天即可产卵50 ~110粒，多单产于叶背。卵期2 ~13天，幼螨和若螨的发育历期5 ~11天，成螨寿命19 ~29天。

适宜叶螨生长发育的温度为10 ~35 ℃，最适温度为26 ~31 ℃，最适相对湿度为40% ~65%。高温高湿（温度达32 ℃以上、相对湿度超过70%）不利于叶螨繁殖，暴雨对虫口密度也有较好的抑制作用。

上海地区叶螨的盛发期在5—9月，以若螨和成螨群聚叶背或叶尖部位吸取汁液，使叶片呈灰白色或出现枯黄色细斑，如图6 –9所示，严重时叶片干枯脱落，影响生长，缩短结实期，造成减产。

（3）防治措施

1）农业防治。利用播前空闲时间进行深耕灌水灭虫。

2）清洁田园。结合积肥和环境卫生工作，消除路边、沟边、田边、宅前屋后等地的杂草，减少越冬虫口基数。

3）田间管理。加强栽培管理，及时松土，合理灌溉和施肥，促进植株健壮，增强抗虫害能力。

图 6 - 9　叶螨为害情况

4）化学防治。在虫害始发至盛发期内根据虫情连续用药防治数次，防治间隔期 5 ~ 7 天。重点喷植株中下部叶背面，喷药要均匀周到。可选 43% 联苯肼酯悬浮剂 2 000 ~ 3 000 倍液、0.5% 藜芦碱可溶液剂 300 倍液、5% 噻螨酮乳油 2 000 倍液、20% 丁氟螨酯悬浮剂 1 500 ~ 2 500 倍液等喷雾防治。

**5. 美洲斑潜蝇**

美洲斑潜蝇防治方法见金瓜的虫害防治部分。

# 第7章

## 青皮茄子

青皮茄子是茄子家族中的一个小类，其表皮青色，果实呈长棒槌形，品质糯而肥，是崇明地区一个地方品种，该品种经过几十年的栽培和驯化，形成了其特有的品质，深受上海、江苏、浙江等地区人们的喜爱。崇明地区一般以露地栽培为主，但根据市场的需求，保护地栽培面积正在稳步增加，从 4 月一直可以采收到 8 月，甚至 11 月初都可以采收。目前许多地方正在大力发展青皮茄子的生产，通过不同栽培方式和不同管理措施，已经实现了青皮茄子的周年生产和供应。

# 7.1 青皮茄子栽培技术

在崇明地区，利用不同季节的气候条件和栽培设施，青皮茄子可作冬春、春、春夏三季栽培。冬春栽（特早熟保护地栽培型）：12 月底至次年 1 月上旬播种，1 月中旬至 2 月中旬定植，4 月下旬开始采摘；春栽（早熟小环棚栽培型）：2 月上中旬播种，3 月上旬定植，5 月中旬开始采摘；春夏栽（露地地膜覆盖栽培型）：3 月中旬播种，4 月中旬定植，6 月中旬开始采摘。

## 7.1.1 特征特性

青皮茄子为中晚熟品种，耐热、抗病、耐肥，侧芽萌发力较强。株高 65 cm，开展度 70 cm。叶片肥大绿色，单叶互生，叶长 16 ~ 18 cm，叶宽 12 ~ 15 cm，表面有茸毛，叶脉和叶柄处有刺毛，叶缘呈波状。果实表皮绿色，有光泽。果肉绿白，果实长圆形，如图 7 – 1 所示，果长 16 ~ 18 cm，粗 5 ~ 8 cm，单果重 150 ~ 160 g。果肉细嫩，品质优良，切开后久置不易变色。采收期 150 ~ 200 天，亩产 2 000 ~ 3 000 kg。

## 7.1.2 栽培技术

### 1. 育苗技术

（1）苗床准备。选择阳光充足、地势干燥平坦、排灌方便、前茬未种植茄果类植物的地块做苗床。清理田间的枯枝残叶，越冬前对表土进行冬翻。播种前一个月，配制播种床土的营养土，营养土中应加入腐熟有机肥，肥料占营养土比例的 30%，每立方米另加过磷酸钙 3 kg。分苗床土与播种床土要求基本一致，但有机肥的比例减少至 25%，每立方米另加过磷酸钙 2 ~ 2. 5 kg。播种、分苗前每平方米使用 50% 多菌灵可湿性粉剂 10 ~ 15 g 与 15 ~ 20 kg 细土配制混匀后，进行密封堆制发酵。播种前 10 ~ 15 天，揭开地膜，晾晒 3 ~ 5

图 7－1　青皮茄子

天，确保营养土内有毒的气体排放干净后备用。

（2）浸种催芽。在 20～30 ℃的温水中先浸种 10 分钟，去除干瘪种子。继续浸泡 8～10 小时，要多次淘洗和搓种子，洗掉种子表面黏液。将经冲洗干净的种子稍加晾干或风干至松散，然后用干净、湿润的消毒纱布包起来，放在 25～30 ℃的条件下催芽。每 24 小时用清水洗 1 次，翻 2～3 次，再控干水分，继续催芽，使种子内外受热均匀。经过 6～7 天，有 70% 的种子出芽时，即可播种。

（3）播种方法。播种应选择在无风、晴天的中午进行。播种前 2～3 天，在宽 1.2～1.5 m 的苗床内装上营养土，营养土的厚度为 5～8 cm，并根据厚度要求，整平床面，浇透底水，播种时再根据床土的干湿情况，调匀水分，使苗床表面湿润，当水渗下后，再在苗床表面撒一层细土。青皮茄子种子较小，应采用撒播法，播种时尽量使种子在床内分布均匀，最好将种子与适量细沙混匀后撒播。每平方米的播种量为 15 g 左右，播后随即覆盖上 1～1.5 cm 疏松的营养土。覆土后应立即用地膜覆盖床面，当有 50% 种子出苗时，要及时揭开薄膜。

（4）基质育苗

1）基质的配制。基质要求疏松透气、肥沃均匀、酸碱适中。常用配方为草炭：珍珠岩：蛭石 =6：3：1 或草炭：牛粪：蛭石 =5：4：1。春夏季育苗可减少珍珠岩用量，保持水分；冬春季育苗可适量增加珍珠岩用量。

2）基质的消毒。配制过程中采用40%甲醛300～500倍液灭菌消毒。密封10～15天后，揭膜分摊，等甲醛散尽后，再进行装盘。

3）穴盘的准备。茄子育苗的穴盘应以98孔或128孔为宜。每1 000盘128孔育苗盘需备用基质3.7～4.5 $m^3$；96孔育苗盘备用基质4.5～4.8 $m^3$。每亩用苗数3 000～3 500株。

4）装盘与压穴

①装盘。播种前1天进行基质装盘。将配好的基质（含水量60%）用硬质刮板轻刮入育苗盘填满，多余的基质用刮板刮去，至穴盘格清晰可见为止。穴盘基质应疏松，不应压实。当天装不完的基质，第二天需上下翻一遍，适当调整一下基质中的水分，保证装盘的基质干湿度基本保持一致。

②压穴。将装好基质的穴盘上下对齐重叠3～5层压穴，覆盖地膜保湿，便于次日点种。压穴深度不宜超过1.0 cm。每次压穴用力要均匀，深浅一致，过深不利于出苗，过浅种子容易"戴帽"，不利于子叶的出壳，易导致子叶畸形，对光合作用产生一定的影响。

（5）苗期管理

1）苗期肥水管理。出苗期要保持土壤湿润，种子顶土时，应及时揭开地膜，并在床面上再撒一薄层细营养土，一方面便于土壤保湿和种子的正常发芽和顶土，另一方面防止种子"戴帽"，以免影响种子子叶的出壳，确保子叶的正常生长。出苗后以保水为主，早春苗床表土干时应浇水，必须用常温水，不可用冷水直接浇苗，防止出现僵苗。浇水应在晴天10—15时进行。分苗后当幼苗叶片稍有萎蔫，应浇好搭棵水，第二天再复水1次。

2）苗期温度管理。整个育苗期遵循控温不控水的原则。种子出苗前的适宜温度为白天25～30 ℃，夜间20～22 ℃，应在苗床上用地膜覆盖，若床内温度超过35 ℃时，可进行短时间的揭膜通风。出苗后苗床温度应维持在18～20 ℃地温，白天气温不低于25 ℃，夜间不低于15 ℃，可在幼苗出齐后，结合间苗覆一层细土，以利于保墒。出苗后，晴天上午早揭膜，下午适时延迟覆膜，揭膜的原则是通风量由小到大，通风口由小到大，通过时间由短到长，确保秧苗的正常生长。分苗后缓苗期，地温维持在18～25 ℃，夜间保持在15～18 ℃，温度超过30 ℃时可以通过揭膜进行适当通风，确保地温在适宜的温度范围内。分苗到定植前，白天温度保持在25 ℃左右，夜温在14～15 ℃，可适当降低夜温，进行炼苗以防徒长。定植前3～5天温度应接近定植大田环境条件。

3）搭苗。随着秧苗的不断长大，苗间距离不能适应秧苗继续生长，必须进行搭苗。茄子搭苗一般在三叶一心期进行，最晚不迟于四叶期，最好用塑料钵、纸钵搭苗，也可借用营养土块搭苗。搭苗应选择在晴天进行，搭苗前一天，在苗床内浇一遍透水，以利于起苗。搭苗时注意淘汰病苗、弱苗。搭苗结束后应立即采取增温保湿措施。缓苗期一般在 3 ~4 天，这段时间不通风，保持较高空气湿度，直到幼苗心叶开始生长。

在搭苗过程中，青皮茄子比其他茄果类蔬菜更容易出现死苗及僵苗，其主要原因是茄子根生长要求较高的地温。在土壤温度高时，根系生长旺盛，吸收肥水能力强。当土壤温度低于 12 ℃时，根系停止生长。所以搭苗以后，当土壤的温度低而又干燥时，就容易出现僵苗。在进行幼苗锻炼时，如果温度过低、水分不足，幼苗生长受到过度抑制，新根不发生，也会产生僵苗。防止出现僵苗的最好办法是提高土壤温度，如增加光照、铺设地加温线、增加保温材料等。

（6）炼苗。为使幼苗定植后适应大田环境，并提高幼苗耐寒能力，要在定植前 5 ~7 天进行低温锻炼，夜间覆盖也要逐渐减少，白天温度保持在 15 ~20 ℃，夜间在不遭受霜冻的前提下，最低气温可以达到 8 ~10 ℃。这时期应加大昼夜温差，加大通风量、通风时间和通风口，同时控制浇水。如果局部地区发生干旱时，在叶片萎蔫时适当喷水，以培育壮苗，提高定植后的成活率。定植时应做到带药、带土和带肥，确保定植后幼苗的正常生长。

**2. 露地栽培技术**

（1）整地作畦。青皮茄子大田应选择土层深厚、富含有机质、地下水位低、中性偏碱性、便于排灌的壤土或沙质壤土。不宜与其他茄果类蔬菜连作，以免传染立枯病、青枯病等土传病害。对种植青皮茄子的田块应及时清理前茬作物的枯枝残叶，越冬前对土壤进行冬翻。可在冬季休闲期间深耕 1 次，使土壤经冬季冻晒到早春。定植前 1 个月再深翻 1 次，每亩施入腐熟有机肥 1 500 ~2 000 kg、45% 蔬菜专用复合肥 30 ~40 kg，对土壤进行充分粉碎混合后，整地作高畦，实行深沟高畦栽培。在定植沟上，每亩条施过磷酸钙 40 kg，并进行浅整地与土混合，对地表实行地膜的全覆盖。

（2）定植。定植密度根据栽培方式及气候环境而有所不同。一般行距 0.5 ~0.7 m，株距 0.3 ~0.4 m，每亩可栽 2 800 ~3 200 株。增加密度可以提高单位面积的产量，尤其早期的产量会较高，但密植后增加了群体叶面积指数，叶片相互遮光，对总产不利。

定植的时间应选择在晴天，如果定植后，即遇大雨或连续阴雨，而土壤的排水又不好，容易导致发根困难，不易成活。定植深度以不埋没幼苗子叶为度，及时浇足搭棵水，封严封实定植穴，防止出现出气孔，以免高温期间地膜下面的热气从气孔中喷射出，影响植株的生长。为使幼苗迅速生长，定植后 3 ~5 天即喷施 1 次 0.1% ~0.2% 尿素水溶液催苗。

青皮茄子定植后田间长势如图 7 –2 所示。

图7－2　青皮茄子定植后田间长势

（3）田间管理

1）追肥。青皮茄子的生长结果期较长，合理施肥是丰产的主要措施之一。定植缓苗后，每亩追施10～15 kg的尿素，7～10天后再追施1次。果实采收盛期是需肥最多的时期，每亩施尿素15～20 kg，间隔10～15天追施1次。青皮茄子是多次连续结果采收的蔬菜，前期和后期施肥都很重要，如果只重视前期施肥而忽视后期追肥，对后期产量和总产影响很大，会导致枝叶生长量小，容易落花，所结的果实小而弯曲，果皮容易硬化。

青皮茄子的着果也是周期性的，即在结实盛期后，有一个结实较少的间歇期，在整个结实期间约有2～3个周期。周期的形成与施肥量、果实采收时的大小及结果数目的多少有关。原则上来讲，多施肥，产量高，其周期的起伏不太明显；而少施肥，则周期起伏就大，着果数及产量就低。果实采收的迟早，对结果的周期性及产量影响也很大。提早采收的着果数比一般采收明显增多。

2）灌溉与排水。青皮茄子的单叶面积大，水分蒸发多。当土中水分不足时，植株生长缓慢，甚至会引起落花，所结果实的果皮粗糙、品质差。田间应保持充足的水分，在干旱季节，灌水的增产效果非常明显。而7—8月是青皮茄子生长后期，天气炎热，容易干旱，如不及时灌溉，会严重影响光合作用及物质的积累。青皮茄子在结果前需水量较少，在结果膨大期需水量达到高峰。

浇水要根据果实发育的情况进行。第一朵花开放时，要控制水分。当果实开始发育，已露出萼片时，须浇水以促进幼果的生长。至果实长到3～4 cm直径时，果实的生长最快，也是需水量最多的时节，应多浇水以促进果实迅速生长。以后在每层果实的发育始期、中期，以及采收的前几天，都要及时浇水，以供果实生长的需要。

在崇明地区常有连续下雨或暴雨的情况发生，应及时做好田间排水，做到雨过田干不积水。

3）中耕培土。中耕可结合除草进行。早期可以中耕深些，一般控制在 0.5～1.0 m；后期要浅些，一般控制在 0.5 m 左右。露地栽培的，大雨过后，为了防止土壤板结，应在半干半湿时进行中耕。当植株长到 30～40 cm 时，要结合中耕进行培土，把沟中的土培到植株的旁边。培土前要追施 1 次肥料，每亩用 45% 复合肥 10～15 kg，以免须根露出土面，并可减轻风害。

4）整枝摘叶。青皮茄子的枝条生长及开花结果习性相当有规则，一般不进行整枝，而只是把根部附近的几个侧枝除去，以免枝叶过多，造成通风透光不良。但对于生长健壮的植株，可保留主干每一朵花或花序下的叶腋 1～2 条分枝，以增加同化面积及结果数目。青皮茄子的果实重与叶面积有密切关系。叶面积大，有利于果实的肥大。密植的叶面积指数增加较快，达到高峰期也快，早期产量较高，但是为了通风透光，除去一部分衰老的、同化作用很弱的、下垂与土面接触容易引起腐烂的老叶，是很有必要的。门茄开花前，将门茄下部的分枝、病叶、老叶打掉，以利通风透光，控制病害发生。

5）青皮茄子的落花及其防治。青皮茄子生长的气温低于 20 ℃时，授粉及果实的生长会停止，在 15 ℃以下会引起落花。因此，早期开花也有脱落现象。但由于青皮茄子的前期生长较缓慢，开花时间也较迟，到第一朵花开放时，夜间温度往往已达到 15 ℃以上，因此在崇明，青皮茄子的落花问题相对较少。采取特早熟保护地栽培，前期仍会有落花现象发生。

青皮茄子的落花原因主要有光照不足、土壤过于干燥、营养不良、温度过低及花器构造上有缺陷等。花器构造上有缺陷是指那些具有短花柱的花，其花粉不能落在自花的柱头上，不能授精，因而脱落。短花柱的花不论是在强光还是弱光下都会出现落花；而长花柱的花，在强光下不脱落，而在弱光下易脱落。温度过低之所以引起落花，与花粉管的伸长速度有关。花粉管发芽、伸长最适宜的温度为 28～30 ℃，而最低界温为 17 ℃，最高界温为 40 ℃。如果温度低于 15 ℃时，花粉管伸长几乎停止，如果夜间温度在 15 ℃以下，白天温度虽高，但花粉管的伸长时快时慢，也达不到受精的目的。

（4）采收。早熟品种在定植后 40～50 天即可采收；中熟品种定植后 50～60 天即可采收。是否符合果实采收标准可根据萼片与果实相结合处果皮的颜色来判断。果皮白色或淡紫色的带环愈宽，说明果实此时正在发育；如果带环颜色加深、带环变窄或带环不明显时，说明果实已经停止生长或生长缓慢，此时应及时采收。

**3. 保护地栽培技术**

(1) 育苗（见图7－3）。特早熟栽培一般于12月底至次年1月上旬播种，1月中旬至2月中旬定植；小环棚栽培一般于2月上中旬播种，3月上旬定植。

图7－3　青皮茄子营养钵育苗

(2) 整地。前茬作物采收后，及时清理田间枯枝残叶，提早10～15天深翻20～25 cm，晒垡，每亩施腐熟有机肥2 000～2 500 kg和45%复合肥50 kg作基肥，整平作1.4 m宽、高20～25 cm高畦，每个6 m大棚做4畦，地面地膜全覆盖。

(3) 定植。每畦栽种2行，株距30 cm左右，每亩栽种2 200～2 400株。定植时不宜过深，以不埋没子叶为准，浇透活棵水。定植后要及时搭小环棚，并进行密封，以利缓苗。准备好保温材料，确保低温来临时及时覆盖。

(4) 田间管理。定植后的田间管理是青皮茄子获得高产特别是早熟高产的关键。

1) 增温和保温。要求采取五层保护法，即地膜、小环棚、无纺布、中环棚和大环棚。只要每一层覆盖材料保持较好的密封状态，可以抵御－5 ℃的低温。在温度管理中，若天气晴好，白天上午10时开棚，以降低棚内的空气湿度，增加棚内的气温和地温，下午2～3时关棚；阴雨天在尽可能满足温度的条件下，进行适当的通风换气，灵活掌握通风时间和通风量。

2) 整枝打叶。根据田间植株的生长情况，及时调整田间植株的长势。通常做法：对植株长势旺盛的田块，及时清理门茄以下的侧枝，门茄以上的整枝方式采取偶数保留植株方法，即在一级主枝留2个二级分枝，三级分枝数为4个，四级分枝数为8个，依此类推，确保植株具有充分的空间。

3）人工授粉。早期气温低不能进行自然授粉，需通过蘸花来实现。具体方法：在1 kg 水中加入番茄灵 50 ~ 70 mg，并加入特定的颜料混合均匀后，对即将开花的花进行蘸花，但蘸花不能重复进行，以免发生果实的畸形。

4）肥水管理。冬季控制施肥的次数，追肥应结合浇水，浇水施肥的时间应安排在晴天中午。第一次施肥应在幼果长至 10 ~ 12 cm 时进行，每亩施尿素 8 ~ 10 kg，以后视情况，可追施 3 ~ 5 次，每亩每次追肥量 10 ~ 15 kg。同时随着温度的升高，在加强田间通风透光的同时，用 0.1% ~0.2% 磷酸二氢钾溶液进行叶面喷施，以保证植株的正常生长。

大棚栽培青皮茄子田间长势如图 7 – 4 所示。

图 7 – 4　大棚栽培青皮茄子田间长势

**4. 选留种技术**

在茄子结果中期，植株旺盛时，选择生长健壮、商品性好、具有青皮茄子品种特征特性的植株作种株。在种株上选留第二、三层果作种果，其余果实尽早采摘，每株留果 3 ~ 5 个。

留种方法：选择具有青皮茄子固有品种特征的果实，例如果型整齐、颜色深、有光泽、个大、无病虫为害等，并在整个生育期对植株性状进行专业性考察，提供充足的肥水，促进正常生长发育。当青皮茄子外皮变黄而柔软时，说明已充分成熟，应采下果实，在室内后熟 7 ~ 10 天，切去果实两端，将中间果肉在水中捣烂，使种子与果肉分离，取出所有的种子。将空的、没变色的、残缺的种子都剔除，保留饱满、深棕色的种子。取出种子后要漂洗种子，去除一些杂质，之后将种子在清水中反复搓洗，去掉种子表面黏液，沥干晒干。种子晒干后，要放到干净的玻璃瓶中储存。

# 7.2 青皮茄子主要病虫害及其防治

## 7.2.1 主要病害

**1. 猝倒病**

（1）病害症状。猝倒病主要为害未出土或刚出土不久的幼苗，大苗很少被害。

幼苗染病，受害后茎基部出现水渍状病斑，随着病情的发展，病部绕茎一周后形成缢缩，往往子叶未凋萎，幼苗即突然折倒而贴伏地面，但植株仍保持青绿色，故称猝倒病。干燥时，水腐的茎部干枯、缢缩呈线状。

发芽期染病，发病严重时造成烂种烂芽，使幼苗不能出土。湿度大时，病株附近长出白色棉絮状菌丝。

猝倒病与生理沤根的识别：通常沤根是因低温、积水而引起的生理病害，一般发生在搭秧后遇低温、阴雨天气，秧苗地上部分生长不良，原有根系逐渐呈黄锈色腐烂，无新根或基本不发新根，根皮呈现铁锈色腐烂，地上部萎蔫，且易拔起，导致幼苗死亡，严重时成片干枯。

（2）发生规律。病菌在病残体上及土壤中越冬，腐生性很强，可在土壤中长期存活，条件适宜时萌发，侵染幼苗引起猝倒。通常病菌靠灌水或雨水冲溅传播。

病菌喜低温、高湿的环境，适宜发病的温度范围为 -1 ~ 15 ℃；最适发病环境日均温度为 2 ~ 8 ℃，相对湿度为 85% ~ 100%；最适宜感病生育期为发芽期至幼苗期。发病潜育期 2 ~ 3 天。

长江中下游地区猝倒病的主要发病盛期在 12 月至翌年 2 月。早春温度偏低、多阴雨、光照偏少的年份发病重；苗床间排水不良、通风不良、光照不足、湿度偏大的育苗地发病重；苗床土壤中含有机质多且施用了未腐熟的粪肥，不利于幼苗根系的生长和发育，也易诱导猝倒病发生。育苗期应严格控水，浇水时要小水勤浇。

（3）防治措施

1）精选苗床。选择地势高、排水良好的地做苗床，选用经消毒无病的营养土做床底，播前浇足底水，以减少出苗后的浇水量。苗后浇水时一定要选择晴天，小水勤浇。遇苗床湿度过大，可撒一层干细土吸湿。

2）种子包衣防病。干种子用 2.5% 咯菌腈悬浮种衣剂包衣，包衣使用剂量为种子重量的4‰~5‰，包衣后晾干播种。

3）培育壮苗，提高抗病力。合理控制苗床的温度和湿度是培育壮苗的关键。因此，播种后要注意保温，特别在寒流侵袭时更应注意夜间覆盖保温，中午、晴天等温度高时要及时炼苗，防止徒长。同时要注意通风换气，换气口要不断变换，使苗均匀生长。发现病苗及时拔除。

4）化学防治。齐苗后定期适时用药防治，一般间隔7~10天防治1次，连续防治2~4次。可选2.5%咯菌腈悬浮种衣剂1 000倍液、25%嘧菌酯悬浮剂1 000倍液、20%噻菌铜悬浮剂400~500倍液结合苗床浇水时喷洒。

**2. 白粉病**

（1）病害症状（见图7-5）。白粉病主要为害叶片，也可为害叶柄与果柄等。

叶片染病，发病初始产生褪绿色小点，扩大后叶面生白粉状霉层粉斑，有时也发生在叶背。粉斑不规则形，粉层厚密，边缘不明显，白色粉状物即为病菌的分生孢子梗和分生孢子。发病严重时，病斑连接成片，叶片上满是白粉。

叶柄、果柄染病，在病部也产生不规则形的白粉状霉层粉斑。

图7-5　青皮茄子白粉病症状

（2）发生规律。病菌以闭囊壳随病株残余组织遗留在田间越冬。在环境条件适宜时，产生的分生孢子通过气流传播至寄主植物上，从寄主叶表皮气孔直接侵入，引起初次侵染，并在受害的部位产生新生代分生孢子，借气流飞散传播，进行多次再侵染，加重为害。

病菌喜温暖潮湿的环境，发病温度范围为15~32 ℃；最适发病环境日均温度为22~

28 ℃，相对湿度为40% ~95%；最适宜感病生育期为结果中后期。发病潜育期5 ~10 天。分生孢子萌发温度15 ~30 ℃，病菌对湿度要求较低，较低的相对湿度下病害也有流行的可能。

长江中下游地区茄子白粉病的主要发病盛期在4—9月。早春温度偏高、少雨的年份发病重；田块间连作地，以及地势低洼、排水不良的田块发病较重；种植过密、通风透光差、肥水不足引发早衰的田块发病重。

（3）防治措施

1）清洁田园。及时摘除病、老叶，以利通风透光，减少田间菌源。收获后及时清除病残体，带出田外深埋或烧毁，深翻土壤，加速病残体的腐烂分解。

2）加强栽培管理。科学追施肥水，促使植株生长健壮，提高抗病能力。

3）化学防治。在发病初期开始喷药，每隔7 ~10 天喷1 次，连续喷2 ~3 次，重视病田病情发展，必要时可增加喷药次数，并注意药剂的交替使用。可选用40%腈菌唑可湿性粉剂2 000 倍液、250 g/L 丙环唑乳油1 000 ~2 000 倍液、430 g/L 戊唑醇悬浮剂3 000 ~4 000 倍液、2 亿孢子/ g 木霉菌可湿性粉剂300 倍液、75% 肟菌·戊唑醇水分散剂3 000 倍液等喷雾防治。

**3. 菌核病**

（1）病害症状（见图7 –6）。菌核病主要为害茎、叶、花和果实。植株苗期和成株期均可染病。

苗期染病，发病始于茎基部，初呈浅褐色水渍状斑，后绕茎一周。田间高湿时，病部长白色棉絮状菌丝体，干燥后呈灰白色，菌丝体集结成菌核，病部缢缩，易折断，使苗枯死。

茎染病，发病主要在茎基部和侧枝基部，发病初始产生水渍状斑，扩大后呈淡褐色，稍凹陷。田间高湿时，病部长白色棉絮状菌丝体，茎干内髓部受破坏，腐烂而中空，剥开可见黑色菌核，干燥后表皮易破裂。菌核鼠粪状，圆形或不规则形，大小为（1.7 ~4）mm ×（1.8 ~17）mm，早期白色，以后外部变为黑色，内部白色。

叶染病，初呈水渍状斑，扩大后呈褐色近圆形斑，病部软腐，并产生白色棉絮状菌丝体，干燥时表皮易破裂。

花染病，呈水渍状湿腐，后褐色，易脱落。

果实染病，发病初始在幼果脐部或向阳部分产生水渍状腐烂，扩展后呈褐色，稍凹陷，果表病部长白色棉絮状菌丝体并形成黑色粒状菌核。

（2）发生规律。病菌主要以菌核在土壤中及混杂在种子中越冬或越夏。在环境条件适宜时，菌核萌发产生子囊盘，子囊盘散放出的子囊孢子借气流传播蔓延，穿过寄主表皮角质层直接侵入，引起初次侵染。侵入后病菌破坏寄主的细胞和组织，扩散并破坏邻近未被

图 7－6　青皮茄子菌核病症状

病原物侵染的组织，通过病、健株间的接触，进行多次再侵染，加重为害。病叶与健叶或茎干间接触，带病花瓣落在健叶上，病菌就可以扩展而使健全的茎叶发病。菌核在干燥土壤中可存活 3 年以上，浸入水中约可存活 1 个月。

病菌喜温暖潮湿的环境，适合发病的温度范围为 0～30 ℃；最适发病环境日均温度为 20～25 ℃，相对湿度为 85% 以上；最适宜感病生育期为成株期至结果中后期。发病潜育期 5～10 天。子囊孢子萌发的适宜温度为 5～10 ℃，最适温度为 16～20 ℃，相对湿度为 95% 以上。菌丝体不耐干旱，湿度的高低直接影响菌丝体的生长和子囊孢子的发育，相对湿度 85% 以上、温度 15～20 ℃病菌生长发育良好，相对湿度 70% 以下病菌受抑制。

长江中下游地区茄子菌核病的主要发病盛期在 2—6 月。早春多雨或梅雨期间多雨的年份发病重；田块间连作地，以及地势低洼、排水不良的田块发病较重；保护地栽培管理粗放、种植过密、棚内通风透光差、湿度大、氮肥施用过多、植株不健壮，以及受霜害、冻害和肥害的田块发病重。

（3）防治措施

1）茬口轮作。与水生蔬菜、禾本科及葱蒜类植物轮作。

2）种子处理。清除混杂在种子中的菌核，避免将菌核播入苗床中。播种前干种子用 2.5% 咯菌腈悬浮种衣剂包衣，包衣使用剂量为种子重量的 3‰～4‰，包衣后晾干播种；或用 50～55 ℃的温汤浸种 10～15 分钟，移入冷水，然后取出晾干后播种。

3）苗床处理。每平方米用 50% 多菌灵可湿性粉剂 8～10 g，与干细土 10～15 kg 拌匀后撒施，消灭菌源。

4）培育壮苗。苗床定期适时用药防病，适温炼苗，防止高脚苗、弱苗。秧苗一定要带药定植，从严控制秧苗带病定植。

5）加强田间管理。开好排水沟系，防止土壤过湿和雨后积水引发病害，合理密植，科学施肥，控制浇水。控制保护地栽培棚内温度、湿度，及时放风排湿，尤其要防止夜间棚内湿度迅速升高，这是防治本病的关键措施。注意合理控制浇水和施肥量，浇水时间放在上午开棚时，以降低棚内湿度。特别在春季寒流侵袭前，要及时加盖小环棚塑料薄膜，并在棚室四周盖草帘，防止植株受冻。

6）清洁田园。及时打老叶，清理残留花朵，发现病株及时拔除或剪去病枝，带出棚外集中烧毁或深埋。收获后彻底清除病残体，深翻土壤，防止菌核萌发出土。

7）化学防治。在发病初期开始喷药，每隔 7 ~ 10 天喷药 1 次，连续喷 2 ~ 3 次，重病田视病情发展，必要时还要增加喷药次数。可选 400 g/L 嘧霉胺悬浮剂 800 ~ 1 000 倍液、50% 啶酰菌胺水分散剂 1 000 ~ 1 200 倍液、430 g/L 戊唑醇悬浮剂 3 000 ~ 4 000 倍液、25% 嘧霉胺乳油 800 ~ 1 000 倍液、6% 春雷霉素可湿性粉剂 300 ~ 400 倍液等喷雾。

在植株茎部始发病时，可用 50% 硫菌灵可湿性粉剂或 50% 异菌脲可湿性粉剂 100 倍液调成糨糊状，用毛笔沾药涂病茎部。

**4. 枯萎病**

（1）病害症状。枯萎病主要为害根茎部。植株苗期和成株期均可染病。

苗期染病，初期子叶发黄，逐渐萎垂干枯，茎基部变褐腐烂，易造成猝倒枯死。成株期根茎染病，表现过程是初始植株叶片中午萎蔫下垂，早晚又恢复正常，叶色变淡，似缺水状，反复数天后，逐渐遍及整株叶片萎蔫下垂，叶片不再复原。横剖病茎，病部维管束变褐色，病部组织受病菌为害，阻碍了植株正常水分养料传导，引起萎蔫，最后全株枯死。

（2）发生规律。病菌以菌丝厚垣孢子或菌核随病株残余组织遗留在田间和未腐熟的有机肥中越冬，也能附着在种子和棚架上越冬，成为翌年初侵染源。病菌主要借雨水、灌溉水和农田操作等传播。在环境条件适宜时，厚垣孢子萌发的芽管可从根部伤口、自然裂口或根冠侵入，也可从茎基部的裂口侵入。侵入后开始蔓延，通过木质部进入维管束，并向上传导，为害维管束周围组织，阻塞导管，干扰新陈代谢，导致植株萎蔫枯死。播种带菌种子，种子萌发后病菌即可侵入幼苗，成为初次侵染源。棚架、农具和地下害虫等也可传播病害。

病菌喜温暖潮湿的环境，发病温度范围为 5 ~ 34 ℃；最适发病环境土温为 24 ~ 28 ℃，土壤含水量为 20% ~ 30%；最适病症表现期为开花坐果期。发病潜育期 10 ~ 25 天。茄子进入开花坐果期后，天气时雨时晴或连续阴雨后转暴晴时病害症状表现快而重；气温在35 ℃以上可抑制病害发生。

长江中下游地区茄子枯萎病的主要发病盛期在5月中下旬至7月，以及在8月下旬至10月上旬。早春多雨或梅雨期间多雨的年份发病重；秋季多雨的年份发病重；田块间连作地，以及排水不良、雨后积水、酸性土壤及线虫发生密度高的田块发病较早较重（特别是保护地栽培，连作地块明显比露地发病重）；偏施氮肥、施用未充分腐熟的带菌有机肥、植株生长嫩弱及地下害虫为害重，易诱发此病。

（3）防治措施

1）选用抗病品种。选用经提纯复壮的青皮茄子品种。

2）种子消毒。从无病留种株上采收种子，选用无病种子。引进商品种子，在播前干种子用2.5%咯菌腈悬浮种衣剂包衣，包衣使用剂量为种子重量的4‰～5‰，包衣后晾干播种。

3）茬口轮作。发病田块与非茄子作物3年以上轮作，也可实行水旱轮作，以减少田间病菌来源。

4）加强栽培管理。推广高畦地膜栽培，施用充分腐熟的有机肥，控制氮肥施用量，增施磷钾肥及微量元素，雨后及时开沟排水，增强植株抗病性。可利用午间闷棚升温至35～38 ℃，给病菌制造不利生长条件，可有效抑制病害的发展和流行。

5）化学防治。在出现零星病株的发病初期用药液浇根，每株浇灌药液250 g。用药间隔期7～10天，连续防治2～3次，重病田可视病情发展，必要时要增加用药次数。可选用2.5%咯菌腈悬浮种衣剂1 000倍液、20%噻菌铜悬浮剂400～500倍液、6%春雷霉素可湿性粉剂300～400倍液、77%硫酸铜可湿性粉剂1 000倍液等浇根。

### 7.2.2 主要虫害

**1. 美洲斑潜蝇**

美洲斑潜蝇防治方法见金瓜的虫害防治部分。

**2. 蚜虫**

蚜虫防治方法见香酥芋的虫害防治部分。

**3. 茶黄螨**

（1）形态特征

1）雌成螨。淡黄色至橙黄色，半透明有光泽。体长约0.21 mm，虫体椭圆形，较宽阔，腹部末端平截，体节分节不明显，沿背中线有一白色条纹，假气门器向末端扩展。足4对，但第4对足纤细，其跗节末端有端毛和亚端毛。腹面后足有4对刚毛。

2）雄成螨。黄色至橙黄色，半透明。体长约 0.19 mm，虫体近似六角形，末端圆锥形，前足有 3～4 对刚毛，腹面后足有 4 对刚毛。第 3 和第 4 对足的基节相接，第 4 对足的胫节退化为细长的爪状。

3）卵。椭圆形，无色透明，长约 0.1 mm。卵有纵向排列的 5～6 行白色瘤状突起。

4）幼螨。体椭圆形，淡绿色，头胸部和成螨很相似，没有假气门器，足 3 对，腹部末端具一对刚毛。

5）若螨。长椭圆形，被幼螨的表皮所包围，类似于蛹的生长发育阶段。

茶黄螨的为害状有时和药害、生理性病害及病毒病害症状较类似，诊断时可取植株嫩叶，放在 20 倍放大镜下检查，即可见到微小的虫体。

（2）发生与为害。茶黄螨在上海露地年发生至少有 20 代，在保护地栽培条件下可周年发生，但在冬季的发生对作物不构成严重为害。成螨通常在土缝、蔬菜冬作物或杂草的根部越冬，以两性生殖为主，也能孤雌生殖，世代重叠发生。常年，塑料大棚内 3 月上中旬即可见到为害状，4 月底至 6 月初可出现严重受害田块。露地 4 月中下旬始见为害状，一般在梅雨季节过后至 8、9 月为盛发期，10 月以后气温逐渐下降，虫口数量减少。冬季主要在加温温室有一定的为害。

成螨活泼，趋嫩性强，适宜在温暖少雨的条件下生长繁殖，卵散产于嫩叶叶背、幼果或幼芽上。

适宜茶黄螨生长发育的温度为 10～32 ℃；最适环境温度为 16～27 ℃，相对湿度为 45%～90%。成螨对湿度的要求低，卵和幼螨对湿度的要求较高。过高的温度对成螨寿命和繁殖有较大的影响，在日均温度 15～17 ℃时完成一个世代需 10～15 天，在日均温度 18～20 ℃时完成一个世代需 8～10 天，在日均温度 22～24 ℃时完成一个世代需 6～7 天，在日均温度 25～27 ℃时完成一个世代需 5～6 天，在日均温度 28～30 ℃时完成一个世代需 4～5 天。

上海地区茶黄螨的盛发期在 4—10 月，以成、若虫刺吸植株汁液。叶片受害后，叶背处汁液外渗，干后呈油渍状茶褐色，有光泽，叶缘反卷、畸形，造成大量落叶，如图 7－7 所示。顶端嫩叶和生长点受害后，植株生长受阻，形成“秃顶”。花器受害后，造成大量落花或不实。幼果受害后，生长停滞，组织僵硬，表皮呈龟纹状，严重时造成裂果，失去商品价值。

（3）防治措施

1）农业防治。冬季要清除田边杂草，减少越冬虫源。在温室、塑料薄膜栽培田，前茬作物收获后，及时清除残株落叶，集中烧毁，深翻土地并灌水沤泡 10～20 天灭虫。

2）防治技巧。保护地于 3 月上中旬，露地于 4 月下旬，对早发生虫情的田块抓早期

图 7－7　茶黄螨为害情况

防治，压低早期虫口密度。在入梅前注意分析梅雨期间的天气预报。在虫情早发年，必须抓好入梅前的压基数防治，控制发生基数；在出梅早的年份，掌握好防治主动攻势。

3）化学防治。在虫害始发至盛发期内，防治间隔期 5～7 天。根据虫情连续用药喷雾防治数次，重点喷植株上部嫩叶背面、嫩茎、花器和幼果，喷药要均匀周到。可选 5% 噻螨酮乳油 1 500～3 000 倍液、36% 噻螨酮·炔螨特乳油 2 000～4 000 倍液、43% 联苯肼酯悬浮剂 3 000 倍液、0.5% 藜芦碱可溶液剂 500 倍液、50% 苯丁锡悬浮剂 2 500～3 000 倍液等喷雾防治。

8

# 第 8 章

## 崇明小菠菜

崇明小菠菜是一种越冬型菠菜品种，它适应性广，耐寒力强，耐储藏，供应期长，且易种快收，产量较高。其根红叶绿，鲜嫩异常，口感略带甜味，特别是初霜来临后，品质和口感更佳，甜味更足，深受消费者喜爱。由于市场前景好，崇明小菠菜在本地逐步实现了规模化生产，每年全区种植面积一般在 5 000 亩左右。

## 8.1　崇明小菠菜栽培技术

### 8.1.1　特征特性

崇明小菠菜是在崇明自然环境下不断种植而形成的特有的菠菜品种，是越冬型菠菜品种中品质优、耐寒性强的品种。该品种具有株型塌地、叶色深绿、叶片肥大、叶表面皱褶、叶缘光滑、叶柄短的特点，如图 8－1 所示。该品种以 8 月中旬开始直播栽培为主，10 月开始采收至次年 3 月。该品种较抗霜霉病，但易受美洲斑潜蝇为害。该品种作春季栽培时，可在大棚内于 1—2 月播种，每亩用种量在 5～6 kg，3 月下旬至 4 月中旬收获，亩产 400～500 kg。

图 8－1　崇明小菠菜

### 8.1.2 栽培技术

**1. 春季保护地栽培技术**

（1）栽培时间。一般在1月中旬至2月中旬播种。早春土壤表层4～6 cm解冻后，就应尽量早播，可根据气象资料在日平均气温上升至4～5 ℃时播种。由于春菠菜播种时前期温度低，出苗慢，不利于叶原基分化；后期气温上升，日照延长，有利抽薹开花，所以营养生长期短、叶片数少、易抽薹、产量低，因而要确定最佳播期。

（2）整地。地块应选择地势平坦、富含有机质、上茬未种植过藜科植物的壤土。每亩施腐熟有机肥1 500～2 000 kg和45%蔬菜专用复合肥30～35 kg，耕翻，作成宽1.2～1.5 m的高畦。

（3）播种。在生产上常采用浸种催芽的方法：先将种子用温水浸泡5～6小时，捞出后放在15～20 ℃的温度下催芽，每天用温水清洗1次，3～4天便可出芽。播种采取撒播的方法，也可以采取条播和点播。由于菠菜种子为胞果，其果皮是木栓化的厚壁细胞，通气和透水较为困难，因而可采取打破果皮的方式来提高种子的发芽率和发芽势。春菠菜的生长期短，植株较小，播种量可增加到每亩5～6 kg。早春播种时最好采用湿播，先灌足底水，等水渗完后撒播种子，然后覆1 cm细土。由于畦面有一层疏松的土壤覆盖，种子处在比较温暖湿润而且通气良好的环境中，可以较早出苗。

（4）田间管理。春菠菜前期要覆盖地膜保温，可直接覆盖到畦面上，出苗后及时揭掉薄膜，或改为小环棚覆盖。小环棚昼揭夜盖，晴揭雨盖，让幼苗多见光。幼苗长至2～3片真叶时，浇第一次水。从第二次浇水开始，每亩随水追施尿素5～10 kg，或施45%复合肥15～20 kg，尤其是采收前15天要追施速效氮肥，原则是经常保持土壤湿润。

崇明小菠菜苗期长势如图8－2所示。

（5）适时收获。一般播种后40～60天便可采收，时间在3月下旬至4月上旬。每隔5～10天采收1次，采收以疏苗和间苗采收为主，以逐渐扩大株距，确保保留植株的正常生长。采收后要适当进行补水，促进小苗的生长。4月中旬以后会出现先期抽薹，应抓紧时间采收。

**2. 秋冬季露地栽培技术**

（1）栽培时间。一般在8月中旬至11月上旬播种。秋菠菜播种后，前期气温高，后期气温逐渐降低，光照比较充足，适合菠菜生长。

（2）整地。种植秋菠菜的地块应选择地势高、耕作层较厚、排灌方便、富含有机质、上茬未种植过藜科植物的壤土或沙质壤土。每亩施腐熟有机肥1 500～2 000 kg和45%蔬菜专用复合肥35～40 kg作基肥，然后耕翻，作成宽1.5～1.8 m的高畦。

（3）播种。秋季种植菠菜种子每亩用量4～5 kg。播种时要做到均匀，播种后要轻压

图 8－2　崇明小菠菜苗期长势

表土，确保种子入到土内，上面再覆盖稻草、遮阳网等保湿材料。出苗后及时揭掉覆盖物，及时清除田间杂草，确保菠菜的正常生长。菠菜播种后，一般 8～10 天出苗，出苗后 10～15 天，根据田间出苗情况进行合理间苗，确保苗间距在 10～15 cm 之间。8 月份播种时，日平均气温对菠菜种子的发芽有一定影响，特别是 8 月上旬播种时，日平均气温常达 24～29 ℃，如播种前不进行浸种催芽，则出苗慢，叶片生长期缩短，从而影响产量。

（4）田间管理。秋菠菜幼苗生长时期气温、地温都较高，要薄水勤施，保持土壤湿润，为幼苗生长提供良好的湿度条件。秋菠菜生长前期正值高温干燥天气，真叶出现后，应及时补浇一次水，以后随着植株生长与气温降低，逐步增加调水量和施肥量，但应在土面干燥时施用。如果土壤湿度过大，菠菜生长缓慢，容易滋生病害。菠菜应在越冬前施足肥料，越冬后一般不施肥料。越冬前菠菜应分次采收，并在采收前追肥。2 片真叶后，结合间苗拔除过密小苗，清除田间杂草，同时注意追肥。施肥要遵循轻施、勤施、先淡后浓的原则。追肥以速效肥为主，在生长盛期，应追施速效氮肥 3 次，前两次每亩每次施尿素 5～10 kg，第三次应施 45% 复合肥 10～15 kg，以达到前期促进叶丛生长，后期提高抗病性、增产的目的。

（5）适时收获。菠菜采收时间从 10 月上旬至次年 3 月，生长期较长，应根据田间长势和市场需要及时采收上市。崇明小菠菜采收期长势如图 8－3 所示。

图 8－3　崇明小菠菜采收期长势

# 8.2　崇明小菠菜主要病虫害及其防治

## 8.2.1　主要病害

**1. 霜霉病**

（1）病害症状（见图 8－4）。菠菜霜霉病主要为害叶片。叶片染病，通常从贴地面的下部叶片开始发生，并逐渐向上发展。发病初始时，产生淡黄色小点，扩大后病斑呈不规则形，边缘不明显。病叶背面病部产生一层霉层，即病菌的孢子囊和孢囊梗，霉层初为灰白色，后为灰紫色。病斑发展到中后期变为黄褐色枯斑，干旱时病叶枯黄，潮湿时变褐、腐烂。发病严重时，病斑相互连接成片，呈枯黄色至褐色，使病株大部分叶片变黄枯死。由种子带菌引起的初侵染，病株表现为萎缩状，新叶变小、变脆，潮湿时其上密生霉层，可归为冬前原生性系统侵染所致。

（2）发生规律。病菌以菌丝体随病株残余组织遗留在田间越冬或越夏，也能以菌丝体潜伏在种子内越冬或越夏。翌年春，在环境条件适宜时，菌丝体产生分生孢子，通过风和雨水反溅传播或中管棚和连栋大棚保护地棚内浇水反溅至菠菜叶片上，从寄主叶片气孔或表皮直接侵入，引起初次侵染。在适宜条件下，从侵入到发病仅需几天时间，并在受害部

图 8－4　菠菜霜霉病症状

位产生成熟的孢子囊，随风传播，引起再侵染。病原物在生长季节中繁殖很快，反复引起再次侵染。

病菌喜低温高湿的环境，适宜发病的温度范围为 3～30 ℃；最适发病环境日均温度为 7～15 ℃，相对湿度为 85% 以上；最适宜感病生育期为五叶以上至采收前。发病潜育期 5～15 天。在发病盛期，旬降雨量 50 mm 以上、有连续阴雨 2～3 天的天气条件易引发病害。

长江中下游地区菠菜霜霉病的主要发病盛期在 3—5 月、9—12 月，春季一般发生较轻，秋冬季 9～12 月发生偏重。秋季多雨、多露的年份发生重，特别是连日阴雨和低温环境条件下有利于病害的发生；田块间连作地、排水不良的田块发病早而重；早播田、种植密度过高的田块往往发病早而重。

（3）防治措施

1）种子消毒。干种子用 2.5% 咯菌腈悬浮种衣剂包衣，包衣使用剂量为种子重量的 3‰～4‰，包衣后晾干播种。

2）轮作栽培。提倡与其他蔬菜实行 2～3 年轮作，清除杂草，以减少田间病原菌。

3）及时清除病苗。在菠菜田内发现受系统侵染的萎缩植株，应及时拔除，携出田外深埋或烧毁。

4）加强栽培管理。提倡深沟高畦栽培，适当密植，合理灌水，降低田间湿度，可减轻发病。中管棚和连栋大棚保护地栽培应合理控制浇水量，适时放风降湿，晴天可通过高温闷棚的灭菌方法，创造不利于病害发生的生态条件。

5）化学防治。在发病初期开始喷药，每隔7～10天喷1次，连续喷2～3次。喷药液时须均匀周到，特别注意叶背和雨前喷药，药剂要交替使用。可选用75%丙森锌·霜脲氰水分散粒剂600～800倍液、68.75 g/L氟吡菌胺·霜霉威盐酸盐悬浮剂600～800倍液、80%烯酰吗啉可湿性粉剂600～800倍液、72%克露可湿性粉剂800～1 000倍液、52.5%噁唑菌酮·霜脲氰水分散粒剂1 000～1 200倍液等交替喷雾防治。

**2. 花叶病毒病**

（1）病害症状（见图8－5）。菠菜从苗期至成株期均能染病。

苗期染病，发病初始先在心叶上表现明脉或叶片有黄绿相间斑纹，进而产生淡绿与浓绿相间的花叶或斑驳症状，重病株还会出现心叶扭曲、畸形、皱缩、萎缩，病苗明显瘦弱、矮小。

成株期染病，发病初期病株叶片呈花叶、明脉，而后病株叶片出现黄绿斑驳、卷缩、泡泡状等，发病后期病株老叶提早枯死脱落，仅留黄绿斑驳的菜心。

引起发病的三种病毒在症状表现上主要区别为：由黄瓜花叶病毒侵染发病的表现为叶形细小、畸形或缩节丛生；由芜菁花叶病毒侵染发病的表现为叶片形成浓淡相间斑驳，叶缘上卷；由甜菜花叶病毒侵染发病的表现为明脉和新叶变黄，产生斑驳，叶缘向下卷曲。在田间三种病毒可单独或复合侵染引起植株发病，可产生多种混合病症。

图8－5　菠菜花叶病毒病症状

（2）发生规律。三种病毒在越冬菠菜或菜田杂草上越冬，主要由桃蚜、萝卜蚜、豆蚜、棉蚜等虫媒进行传病或汁液接触传病。第二年春天当气温适宜虫媒发生时，病毒通过有翅蚜迁飞进行传播、扩散、蔓延，还可通过病健株接触摩擦、农事操作等途径进行传播。

病毒喜温暖较干爽的气候，适宜发病的温度为 5 ~ 30 ℃；最适发病环境日均温度为 12 ~ 25 ℃，相对湿度为 70% 以下。病症表现盛期是成株期至采收期。发病潜育期 15 ~ 25 天。病害与寄主生育期、品种、气候、栽培制度、播种期等因素密切相关。特别是秋季早播，苗期易遇高温干旱，蚜虫的繁殖和迁飞使病毒传播频繁，同时高温干旱不利于菠菜的秧苗生长发育，植株抗病力下降，温度高病害的潜育期也短，这些因素都有利于病害的早发、重发。

长江中下游地区菠菜花叶病毒病的主要发病盛期在 3—5 月、9—12 月。一般下半年发生重于上半年。秋季干旱少雨、晚秋温度偏高、早春温度偏高、雨量偏少的年份发病重；与黄瓜、十字花科蔬菜相邻的田块发病较重；秋季播期过早、耕作管理粗放、缺有机基肥、缺水、氮肥施用过多的田块发病重。

（3）防治措施

1）田块选择。选择远离十字花科菜田、黄瓜田的地块种植。

2）适时播种。秋季避免过早播种，上海地区一般下半年适宜的播种期为 10—12 月，播种迟病害轻。

3）栽培管理。施足有机肥，增施磷、钾肥，增强寄主抗病力。铲除田边杂草，拔除病株。遇有秋旱或春旱要适时浇水，控制发病。

4）注意查蚜、治蚜。幼苗出土后为减少蚜虫传播花叶病毒病，勤查蚜虫发生动态，发现蚜虫，要每 7 ~ 10 天喷药防治蚜虫 1 次。此外还可用银灰色遮阳网育苗、避蚜、防病。

5）化学防治。可选 8% 宁南霉素水剂 300 ~ 400 倍液喷雾。出苗后施用腐殖质酸进行全面喷施，促进植株生长。田间始见发病初期，每隔 7 ~ 10 天用药预防，连续施药 2 ~ 3 次。

**3. 炭疽病**

（1）病害症状（见图 8 – 6）。炭疽病主要为害叶片和茎。

叶片染病，初生淡黄色小斑，扩大后病斑呈椭圆形或不规则形，黄褐色，并具有轮纹，边缘水渍状，中央有黑色小点。天气干燥时，病斑干枯穿孔。发生严重时，病斑连接成块，使叶片枯黄。

茎部染病，病斑为纺锤形或梭形，病部组织逐渐干腐，造成上部茎叶折倒，在病斑上密生黑色轮纹状排列的小粒点，即病菌的分生孢子盘。

（2）发生规律。病菌主要以菌丝体随病株残余组织遗留在田间越冬，也能以菌丝体黏

图 8-6　菠菜炭疽病症状

附在种子上越冬。在环境条件适宜时，产生分生孢子，通过气流传播或雨水反溅至寄主植物上，从寄主表皮或从伤口直接侵入，引起初次侵染。经潜育后出现病斑，并在受害部位产生新生代分生孢子盘和分生孢子，借风雨传播进行多次再侵染。种子带菌也是菠菜重要的初侵染源，播种带菌的种子，在幼苗期即可发病。

病菌喜高温潮湿的环境，适宜发病的温度范围为 5～34 ℃；最适发病环境日均温度为 20～25 ℃，相对湿度为 95% 以上；最适感病期为成株期。发病潜育期 5～10 天。在病害盛发期，旬降雨量超过 80 mm 以上，有连续阴雨 2～5 天，病害即可发生。

长江中下游地区菠菜炭疽病的主要发病盛期在 8 月中下旬至 11 月。秋季高温多雨的年份发病重；田块间地势低洼、地面潮湿的田块发病早且重；反季节栽培、播种早、种植密度过大、通风不良、植株生长发育不健壮的田块发病重。

（3）防治措施

1）选种与种子消毒。从无病留种株上采收种子。引进种子在播前，将干种子用 2.5% 咯菌腈悬浮种衣剂包衣，包衣使用剂量为种子重量的 3‰～4‰，包衣后晾干播种。

2）轮作栽培。发病地块提倡与其他蔬菜实行 2～3 年轮作，以减少田间病原菌。

3）加强栽培管理。深沟高畦栽培，适当密植，施足有机肥，合理灌水，降低田间湿度，提高植株抗病力。

4）清洁田园。收获后及时清除病残体，并携出田外深埋或烧毁可减轻发病，深翻土壤可加速病残体的腐烂分解。

5）化学防治。发病初期及时用药防治，用药间隔期 7～10 天，连续防治 2～3 次。可选 15% 咪鲜胺增效型微乳剂 400～600 倍液、50% 咪鲜胺可湿性粉剂 1 000～1 500 倍液、250 g/L 嘧菌酯悬浮剂 1 000 倍液、500 g/L 氟啶胺悬浮剂 1 000 倍液、75% 肟菌 · 戊唑醇水分散剂 3 000 倍液、18% 戊唑醇微乳剂 1 000～2 000 倍液、430 g/L 戊唑醇悬浮剂 3 000～4 000 倍液等交替喷雾防治。

### 8.2.2　主要虫害

**1. 小菜蛾**

小菜蛾防治方法见芦笋的虫害防治部分。

**2. 美洲斑潜蝇**

美洲斑潜蝇防治方法见金瓜的虫害防治部分。

**3. 桃蚜**

（1）形态特征

1）有翅胎生雌成蚜。体长约 2 mm，头部及胸部均黑色，背部有淡黑色条纹，腹部体色多变，有绿色、黄绿色、褐色、赤褐色等。复眼赤褐色，在触角第 3 节约有 9～17 个感觉圈排成一列，额瘤发达，且向内倾斜。腹管绿色，很长，是尾片的 2.3 倍。尾片两侧具 3 对侧毛。

2）无翅胎生雌成蚜。体长约 2 mm，体色有绿色、黄绿色、樱红色、红褐色等，低温条件下颜色深，触角第 3 节无感觉圈。额瘤和腹管特征同有翅胎生雌成蚜。

3）若虫。体型、体色与无翅胎生雌成蚜相似，但个体较小，尾片较不明显，共 4 龄。有翅若蚜 3 龄起蚜翅明显，且体形较无翅若蚜瘦长。

（2）发生与为害。在长江中下游地区年发生 20～30 代，世代重叠，终年孤雌生殖，没有越冬现象。桃蚜有翅型、无翅型的发育起点温度分别为 4.3 ℃和 3.9 ℃，自出生至羽化为成蚜的有效积温分别为 133.0 ℃和 119.8 ℃。在日均温 17～20 ℃的条件下，出生至羽化为成蚜历时为 7～12 天。在 26 ℃的条件下，整个若虫期只需 5～6 天。种群数量能增长的温度范围为 5～19 ℃，在 16～24 ℃范围内数量增长最快。在 22.4 ℃条件下，有翅和无翅成蚜平均每头产卵数分别为 46.54 粒和 84.2 粒。每年的春、秋两季是发生的高峰。

（3）防治措施

1）农业防治。在有条件的地区，夏季可不种或少种十字花科蔬菜，以切断或减少秋菜的蚜源和毒源。

2）物理防治。苗床四周铺设 17 cm 宽银灰色薄膜，苗床上方每隔 60～100 cm 挂 3～

6 cm 宽银灰色薄膜，避蚜防蚜效果好。

3）黄板诱蚜。黄板上涂机油插于田间，高约60 cm，春、秋季可诱杀有翅蚜，降低田间蚜虫密度。

4）化学防治。在田间点片发生阶段要加强防治。可选用5%桉油精可溶液剂300倍液、0.5%苦参碱水剂300倍液、25%噻虫嗪水分散粒剂3 000倍液、22.4%螺虫乙酯悬浮剂2 000倍液等交替喷雾防治。

**4. 蛴螬**

蛴螬防治方法见香酥芋的虫害防治部分。

# 8.3 崇明小菠菜留种技术

## 8.3.1 菠菜种子生产

菠菜植株可分雄株、雌株和雌雄同株。雄株基生叶较大，抽苔较雌株早，同一植株开雄花和雌花，或开“两性花”，花期与雌株相接近。

一般采用父母本为1∶4行的种植方式，或一株雄株与4株雌株的留种方式。当田间的部分留种植株开始抽苔时，应将抽苔早的雌株、长势特别强的雄株，以及病株、弱株、杂株等及早拔除，并随即追施一次肥（每亩施45%复合肥15～20 kg），以促进种株多发分枝。以后应陆续拔除一部分营养雄株，最终按雄株、雌株1∶4的比例定雄株。待雌株结籽后，即可清除全部雄株，以促进种子发育成熟。

## 8.3.2 种子采收与储藏

当种株茎叶大部分枯黄、果皮呈黄绿色时，便可收割种株，放在凉棚内7～10天让其充分“后熟”，然后脱粒，清理杂质，晾干。

经充分晾干的菠菜种子放在干燥的容器中存放并控制储藏湿度，以确保种子的活力，延长储藏时间。

# 第 9 章

## 崇明山药

崇明山药是淮山药的一种，经过长期栽培、精心管理和选育，形成崇明特有的山药品种，如四柱头山药、六柱头山药、佛手山药等。崇明山药具有品质优、口感好、一煮就酥的特点，深得上海市民的喜爱。目前崇明山药年种植面积为 3 000 亩左右，主要分布于新河、新村、竖新、港沿、庙镇等乡镇，是菜农主栽的特色蔬菜品种，经济效益较高。

# 9.1 崇明山药栽培技术

## 9.1.1 主栽品种

### 1. 四柱头山药

四柱头山药为上海崇明地方晚熟品种。在崇明的生育期为 180 ~ 200 天。叶盾形，绿色或深绿色，叶面披蜡质，叶片大小为（13.5 ~ 15.4）cm ×（12.7 ~ 15.2）cm。茎蔓长 1.5 ~ 2.2 m，茎粗 0.25 ~ 0.35 cm，节间长为 8 ~ 12 cm。块茎从上向下由细到粗，底部呈明显的四柱形，块茎表皮褐色或深褐色，如图 9 – 1 所示。块茎品质脆且有甜味，长一般为 40 ~ 60 cm，底部粗 12 ~ 18 cm，着生零余子（山药蔓的腋芽分化而形成的珠芽）能力强，只能用地下茎或零余子进行繁殖，易出现种性退化现象。该品种生长势强、抗病性中等，亩栽密度为 1 200 ~ 1 500 株，亩产量为 1 500 ~ 2 000 kg，一般于 3 月下旬至 4 月上旬进行播种，在 10 月至次年 3 月采收。

图 9 – 1　四柱头山药

**2. 六柱头山药**

六柱头山药为上海崇明地方晚熟品种。在崇明的生育期为150～200天。叶盾形，绿色或深绿色，叶面披蜡质且厚，叶片大小为（14.2～15.8）cm×（13.4～16.4）cm。茎蔓长1.6～2.5 m，茎粗0.28～0.38 cm，节间长为10～13 cm。块茎从上向下由细到粗，底部呈明显的六柱形，块茎表皮灰褐色，如图9－2所示。块茎品质脆且有甜味，长一般为45～68 cm，底部粗14～20 cm，着生零余子能力强，只能用地下茎或零余子进行繁殖，易出现种性退化现象。该品种生长势强、抗病性中等，亩栽密度为1 100～1 400株，亩产量为1 600～2 200 kg，一般于3月下旬至4月初进行播种，在9月至次年2月采收。

图9－2　六柱头山药

**3. 佛手山药**

佛手山药为上海崇明地方中晚熟品种。在崇明的生育期为150～180天。叶盾形，深绿色，叶面披蜡质，叶片大小为（12.4～15.1）cm×（11.3～14.0）cm。茎蔓长1.3～1.8 m，茎粗0.21～0.32 cm，节间长为7～10 cm。块茎呈扇形佛手状，具有4～8个分枝，块茎表皮褐色，如图9－3所示。块茎品质脆且有甜味，块茎大小一般为（15.6～17.9）cm×（16.8～18.9）cm，着生零余子能力一般，在崇明不能开花结果，只能用地下茎进行繁殖。该品种生长势一般、抗病性中等，亩栽密度为1 300～1 600株，亩产量为1 000～1 300 kg，一般于3月中下旬播种，在9月下旬至次年3月采收。

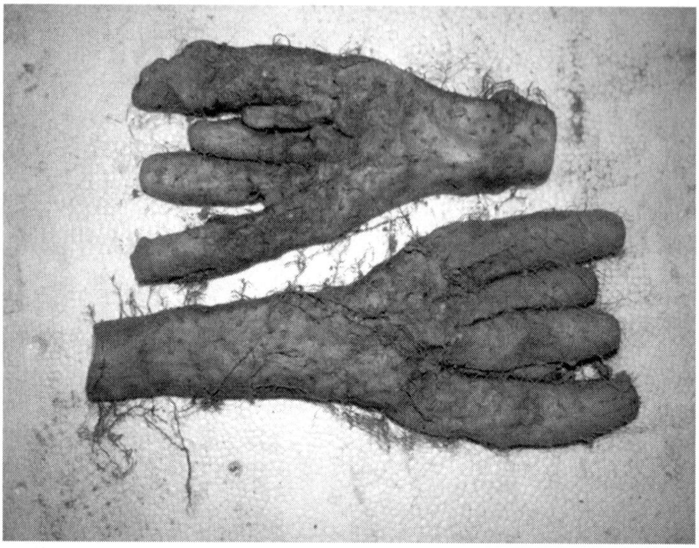

图 9－3　佛手山药

## 9.1.2　栽培技术

**1. 土壤的选择与整地**

种植地应选择土层深厚、富含有机质、向阳、排沟系统好、地下水位在 0.7 m 以下的壤土或沙质壤土。土壤中不得混有较大的石块，否则山药块茎分杈严重，会降低块茎的商品价值。山药块茎具有下扎特性，入土可达 50～100 cm，因此需要对生土进行深翻，以改善土壤结构，降低土壤紧实度，以利于块茎向下生长。一般要求在越冬前深翻土壤，将生土翻到表面，经过冬季日晒风化后，于翌年春天下种前亩施腐熟有机肥 2 500～3 000 kg 和 45% 蔬菜专用复合肥 30～40 kg，深耕使土肥混合后分畦整平土地，畦宽 4～5 m，畦沟深浅间隔，深沟宽 35～45 cm、深 30～40 cm，浅沟宽 20～30 cm、深 20～25 cm，深沟降低地下水，浅沟排干地面水，便于培管操作。腰沟、围沟、出水沟配套。旋耕细碎土块，根据种植密度的行距挖好定植沟，定植沟宽 20 cm、深 8～10 cm。在定植沟条施过磷酸钙 50 kg，并注意捣碎，用脚稍踩实。

**2. 种薯处理**

常规种薯制作方法有三种：一是使用山药苗子，二是使用山药段子，三是使用山药零余子。一定要选择表皮深褐色、肉色洁白的山药作种薯。

（1）山药苗子。山药苗子是块茎顶端有芽的一节。在收获山药时，要求作为山药苗子的块茎应短而粗壮，无机械损伤，无分枝和病虫为害，隐芽完好。山药苗子长度一般在

15～18 cm，太短会影响产量。山药苗子收获后，到来年种植，其间一般会相隔 2～5 个月，必须进行科学储藏，以免发生腐烂变质。

（2）山药段子。由于山药苗子的数量有限，在实际生产中较多地使用山药段子来做种。山药段子就是将山药块茎按 8～10 cm 分切成段，每块重量在 30～40 g。分切时，应保持种薯的完整性，使表皮不受伤害，否则易出现烂种。山药段子不宜切得过小，否则营养不足不利于定植后苗的健壮生长。使用山药段子作为种薯，由于其不定芽在定植后发生，因而出苗较山药苗子晚 10～15 天，生长时间短，产量可能会下降，生产上可采用催芽育苗办法（见图 9－4），以提高出苗率和整齐度，当薯块上的白色芽点刚露白，而长度不超过 1 cm 时，应及时定植。

图 9－4　山药催芽育苗

（3）山药零余子。山药零余子是山药蔓的腋芽分化而形成的珠芽。当山药苗子和段子连续种植 3～5 年后，种性发生退化，产量和质量均有明显下降，不宜再作为繁殖材料时，可以用零余子进行更新复壮。栽植零余子后，第一年得到的是小山药，是良好的山药苗子。第二年，将整个小山药种下后，得到的是大山药块茎。作为小山药苗子，后代生活力旺盛，增产明显，抗病性强。采用零余子作种时，应在晴天及时收获，要求选采的零余子籽粒粗壮、毛孔稀疏且有光泽。因此必须剔除退化的长形零余子，特别是剔除毛孔外突者。零余子繁育时，按行距 3 cm、株距 1 cm 播一粒零余子，当年挖得山药块茎为下一年大田播种材料。每隔 3～5 年应更新种薯。

**3. 适时定植**

播种期的确定以出土幼苗能生长在无霜期为宜。根据崇明地区气候特点，山药的定植时期一般在3月中旬至4月上旬。播种时按山药定植行距开定植沟，沟深8～10 cm。作地爬栽培的短蔓山药品种行距65～70 cm，搭架栽培的山药行距45～50 cm。株距都在18～20 cm。播种沟内一般不施化肥。顺沟平放播下种苗，苗子或段子的生长朝向应统一，播后盖细土5～8 cm，做出高于地面5～6 cm的垄。

播种时要把苗子和段子分开播种。段子出苗期比苗子晚10～15天，为有利大田培管，段子应提前10天用地膜小环棚催芽育苗或提早7～10天播种；如果同时播种的，则应覆盖地膜保温保湿，以利加快出苗。

播种时苗子或段子应按大小分级，大的宜稀植，小的宜密植；肥沃田块宜适当稀植，瘠薄田块宜适当密植。

**4. 适量浇水**

山药叶片正反两面都有很厚的角质层，抗蒸腾作用强，所以比较耐旱。一般在山药定植时浇一次透水，覆土后不再浇水。之后第一次浇水的时间一般在出苗后10～15天，浇水要轻，以保持土壤湿润，促进根系的生长为主。第一次浇水的时间不宜过早，也不宜过晚，因为山药虽然是一种耐旱植物，但要获得好收成，肥水很重要，前期土壤过分缺水，尽管山药能存活，由于土壤板结，块茎易出现畸形，商品价值较低，而且产量也要下降。如果有良好的灌溉条件，长出的山药块茎是圆整，产量和商品价值都比较高。

山药第一次浇完水后，植株生长加快，等一周后再浇第二次水，浇水要适量，而此时光照好、气温高、蒸发量大，浇水后土壤表面容易板结，因而要进行松土。第三次浇水时，可加大用水量，但要保持土壤湿润。总之，随着植株生长量的增加，需水量也随之增加，浇水需满足山药生长对水分的需要。

**5. 合理施肥**

在山药栽培过程中，腐熟有机肥既可作基肥施用，又可作追肥施用。腐熟有机肥使用量的增加，对山药的品质和产量增加有很大的帮助。施用有机肥可丰富土壤中有效养分，还可以改善土壤理化性状，使水、肥、气、热等得以协调发展，从而满足山药生长的需要。

应以基肥和追肥相结合使用为原则，基肥以复合肥为主，生长前期以氮肥为主，可促进茎叶生长，后期以磷钾肥为主，主要为了促进薯块增大。第一次追肥应在山药出苗后1个月后，亩施尿素15 kg左右；第二次追肥应该在山药封行时进行，亩施45%蔬菜专用复合肥40～50 kg；最后一次施肥是在8月中旬，此时期是山药从营养生长转向营养积累的关键期，亩施45%蔬菜专用复合肥20～30 kg。

**6. 田间支架、理蔓和整枝**

山药茎不但长而且细软，容易被大风吹断，所以搭立支架可以确保茎蔓倒伏，还可以增加田间的通风透光。支架的高度一般在 1.8 ~2.2 m，可以采取立架和半立架栽培方式，通常使用的支架方式为“人”字形，每株一支，在距地面 1.5 ~1.8 m 处进行交叉打捆，中间间隔 2 ~2.5 m 立一个强度较大的支架，以固定周边的引蔓枝。当苗高 30 ~40 cm 时，应及时引蔓上架，避免相互打团。而在规模化种植区域，为了节省人工，同时考虑到田间的通风透光，采取半立架栽培方法（见图 9 –5），即当山药苗长至 15 ~20 cm 时，用 1.5 ~2.0 m 的环竹插入植株的旁边，形成半环形，将茎蔓引向竹片，用细绳固定茎蔓，引蔓爬到环棚上，实现架空茎蔓，起到保湿、通风透光、促进茎叶生长的作用。

图 9 –5　崇明山药半立架栽培

**7. 中耕除草**

山药出苗后生长较快，中耕除草可以在早期进行。中耕除草要浅，只将土壤的表土整松即可。在山药生长过程中，一般杂草的生长较为旺盛，为避免杂草与山药争夺养分，应及时拔草，但应注意不要损伤山药的块茎和根系。

**8. 适时采收**

10 月以后，当山药地上部分植株开始发黄枯死时，是山药采收开始期。但为了实现山药的早上市，规模化经营的农户一般提早至9月下旬山药生长后期就开始采收。先将支架及茎蔓一起拔起震动茎蔓，收集零余子，清理田间的杂草，就可以收获山药。

佛手山药的块茎较短，比较容易挖掘采收。只要沿定植沟15～20 cm处挖一条40～45 cm深、30 cm宽的浅沟，清理周边的泥土，用手轻轻地提起即可。而四柱头山药、六柱头山药块茎较长，采收较为困难，如果采收技术不到位，块茎的破损率很高。一般采收山药的办法是从畦的一端开始，沿定植沟15～20 cm处挖一条40～45 cm深、30 cm宽的浅沟，后用15～20 cm宽的铁锹，沿着山药向下生长的方向，一点一点向下清理泥土，直到见到山药块茎的底部为止，最后轻轻铲去周边的土块，用手握住块茎的中部，小心提起山药块茎。在整个挖掘过程中，动作一定要轻，避免块茎折断。采收山药一定要按顺序依次挖，可有效减少破损率，又能避免漏挖。采收时间从9月中旬一直可以采收到次年3月，但尽量在地上部分枯死后至霜冻来临之前采收，否则会对山药的品质和产量产生影响。

# 9.2 崇明山药主要病虫害及其防治

## 9.2.1 主要病害

**1. 炭疽病**

（1）病害症状（见图9－6）。山药炭疽病是一种真菌性病害，多在高温多雨季节发生，如长江流域的7月20日前后。发病初期先在叶片上出现圆形黑色病斑，边缘清晰，病斑直径0.2～0.8 cm。后期病斑中部呈至灰白色，上面有不规则的同心轮纹，病斑周围的健叶有发黄现象。叶柄受害后，初期表现为水渍状褐色病斑，后期病斑呈黑褐色干缩，致使叶片脱落。茎部受害后，初期会产生褐色小点，后期逐渐扩大成圆形或棱形的赤褐色病斑，病部略下陷或干缩，天气潮湿时产生粉红色黏状物。

（2）发生规律。山药炭疽病以菌丝体和分生孢子盘在病部或随病残体遗落土中越冬。翌年6月产生大量分生孢子，借风雨传播进行初侵染和多次再侵染，不断扩大蔓延，一直延续到山药收获期。最适发病环境日均温度为25～30 ℃，相对湿度为80%；天气温暖多湿或雾大、露重有利于病害发生，偏施或过施氮肥、通风透光不良会使病害加重。

（3）防治措施

1）农业防治。收获后清理田间残枝枯叶，集中处理；合理轮作；实行高畦栽培；增

图 9－6　山药炭疽病症状

施有机肥，控制氮肥使用；合理整枝，实行立架或半立架栽培等。

2）化学防治。同金瓜炭疽病化学防治部分。

**2. 根结线虫病**

（1）病害症状。根结线虫病是短体线虫侵入块茎并寄生所引起的一种病害，多在初秋高温季节表现症状。开始在茎蔓上出现椭圆形病斑，随后病斑连接成条状褐色大斑。地下块茎也会出现不规则黑褐斑，致使块茎细瘦短小，严重影响产量和品质，甚至造成失收。

（2）发生规律。线虫体型很小，肉眼很难看到，多分布在 0～20 cm 深的土壤中，在 3～9 cm 深的土壤中数量最多。线虫雌雄异体，雌成虫圆梨形，雄成虫线形，常以卵或二龄幼虫随植株残体遗留在土壤中或粪肥中越冬，翌年环境适宜时以二龄幼虫从嫩根侵入繁殖并为害。线虫可通过带虫土或苗及灌溉水传播。线虫在土温 25～30 ℃、土壤湿度为 40%～70% 条件下繁殖很快，在 10 ℃以下停止活动，在 55 ℃时 10 分钟死亡，在无寄主条件下可存活 1 年。

（3）防治措施

1）选用无虫土种苗。定植时剔除带虫苗。

2）清除带虫残体，降低虫口密度。带虫根晒干后应无害化处理。

3）深翻土壤。将表土翻至 25 cm 以下，可减轻虫害发生。

4）合理轮作。线虫发生多的田块，改种抗（耐）虫作物，如禾木科、葱、蒜、韭菜、辣椒、甘蓝、菜花等，或种植水生蔬菜，可减轻线虫的发生。

5）高（低）温抑虫。利用夏季高温农闲时节，起垄灌水覆地膜，密闭棚室两周，或利用冬季低温冻垡等，可抑制线虫发生。

6）化学防治。在病害发生初期，可选用50%辛硫磷乳油2 500～3 000倍液喷雾，或2%阿维菌素乳油1 000倍液进行浇根或喷防，也可用10%噻唑磷颗粒剂在作物定植前按每亩1～2 kg的量撒施于土壤表面。

### 9.2.2 主要虫害

山药的虫害以蛴螬等地下害虫为主，其防治方法见香酥芋的虫害防治部分。

## 9.3 崇明山药留种与储藏技术

### 9.3.1 留种技术

山药留种苗的收获期主要根据地上茎叶颜色的变化来确定。崇明地区一般在霜后，地上茎叶全部枯萎时开始采收最好，若收获过早，块茎产量较低。对于留种用的块薯，应在霜降与立冬间采收，收获过早，组织不充实，水分含量高，不耐储藏；收获过晚，则会因过低温度伤害隐芽。在采收过程中，应选择具有本品种特性的山药苗（蒂大、皮光滑的高产植株）。

为了防止品种退化而引起产量和品质下降的现象发生，应根据品种特征特性，确定选择目标，再按目标性状进行连续多年的选择。第二年在第一年选择的基础上，选择优良单株分别编号或在大田插标记牌，收获前将被选中的单株采收零余子（无零余子的品种收块茎），单收单藏和挂牌标记，从而完成地上部性状的选择。对于地下部的性状则在收获时选择，地上部被选中的单株，若其地下部也符合目标性状者，取山药段子备作种用；地下块茎不符合选择目标时，及时淘汰，同时原先收藏的相应株选零余子也被淘汰。第二年对被选的段子和零余子分别混播，收获时再按前年的顺序选择。通过年年选段子，年年留相应段子上的零余子，淘汰的段子用零余子补充，这样既可再生产，又可扩大再生产。

### 9.3.2 种薯储藏

将采收的山药根据其品种的特征进行精选，晾干种薯，切下上面15～20 cm山药苗子，用生石灰封住伤口。

种薯储藏可采取堆藏式。应选择保温性较好、地下水位低、环境干净整洁的储藏场所。在储藏场所的地面上覆盖一层厚度为10～15 cm的干净稻草，并根据场地情况和种薯的数量确定储藏规模。如图9－7所示，储藏时将种薯一圈一圈从外向内有规律的排放，将封口处理的种薯伤口面朝外，一层一层地往上叠加，最终形成梯形储藏堆，高度控制在1.5～2.0 m。

图9－7　种薯储藏